くらしの活銅学

健康と衛生に不可欠なミラクルミネラル

元東京大学医学部　長橋　捷　監修
社団法人　日本銅センター　編

身近な銅をよりよく知っていただくために

私たちの身のまわりにはたくさんの銅が使われています。寺社や教会の屋根、電気のケーブル、雨樋や給水管、鍋やフライパン。見えないところでも、家電製品やＩＴ機器の中の銅があります。有史以来、人類が初めて手にした金属が銅なのです。武器・武具として、祭祀《さいし》用具として、また装飾金具として使用されたのが始まりでしょう。

銅材、銅製品には、渋さ、重み、時の流れが感じられます。数百年の歴史をもつ落ち着いた緑青《ろくしょう》の銅屋根はいうまでもなく、新しく輝く銅板であっても、これから流れゆくであろう長い歳月がそこにあるように感じられます。

さて、人の生命や健康面から銅という元素を見てみると、銅は必須微量元素の一つです。必須であるということは、つまり、これがなければ健康を害するばかりでなく、私たちの生命さえ維持されないという重い意味をもっています。人の生命とのかかわりから、金属類は一般に必須金属と汚染金属とに分けられます。鉄、銅、亜鉛、マグネシウムなどが必須金属、鉛、水銀、ひ素などが汚染金属です。

私たちは食物や水から毎日微量の銅を摂取しないと健康な生活が保障されないのです。ところが、健康志向の強い最近の世の中、サプリメント（補助食品）や健康食品としての銅のコマーシャルを見ることはありません。幸か不幸か、不幸という意味は、私たちの日常の意識に銅の重要性が浮かんでこないということですが、私たちは誰もがごく安全な食生活環境の中で暮らしているということです。

一方で、銅製品、とくに銅に生じる青い錆、緑青を、なんとなく危ない、あやしい、毒物かもしれないと思う人もかなりいるようです。以前行ったアンケート調査でも、こうした意識をもつ人たちを多く認めました。この考えは誤りです。銅の錆は危険ではないということは公的にも認められています。辞書や教科書にも、以前の誤った記述を見ることはなくなりました。それでもまだ、心の奥深いところにこの誤った考え、妄信、迷信がくすぶっているのが現状です。

健康志向、清潔志向の強い現代です。私たちが銅と安心してつきあっていきたいとの願いから本書を出版することになりました。医療面での応用や抗菌作用など銅のすぐれた利点、特性を知り、同時に健康面でも安全な金属であることを知っていただくために、銅に関するさまざまな情報を公平に正しく提供したいと考えたからです。

日常、家庭で銅製品を使う方々、それをつくる方々、建築や給配水で銅材を扱う方々に広く読んでいただきたいと思います。硬い話を読みやすくということから、短編の読み切り形式をとりました。気軽に読んで、銅に関する物知りになっていただきたいと思います。

二〇〇七年一月

監修者　長橋　捷

目次

目　次

〈銅よもやま話〉

目　次

食生活と銅

チョコレートの意外な効用

外界の喧騒《けんそう》をのがれて、一人立ち寄る小さな店。ドアの向こうには、照明を落としたカウンターと口数の少ないバーテンダー。こんなバーでオーダーするのはウイスキーのロック、それとビターチョコレート……。

ハードボイルドを気取ってみても仕方ありませんが、ウイスキーとチョコレートの相性は抜群だと思いませんか。じつはウイスキーは、チョコレートと同じようにポリフェノールという苦味成分と甘い香りをもっていて、同じ要素をもつもの同士を合わせることによって、いっそうおいしくなるのだそうです。

チョコレートの原料はカカオ豆。カカオ豆は、熱帯で育つカカオの木の果実ですが、その歴史は古く、いまから千年以上前の中南米大陸にあったアステカ帝国やインカ帝国でも栽培されていたことを示す遺跡が残っているそうです。昔は、炒ったカカオ豆の

実をすりつぶし、お湯などと混ぜて飲んでいました。この飲み物は、王族や貴族だけが飲むことのできるぜいたく品だったそうです。いまのように食べられるチョコレートは、一九世紀半ばのイギリスで誕生しました。

いまや世界中で愛されているチョコレートですが、ある調査では日本人一人当たり一年間に食べているチョコレートの量はおよそ二キログラムだそうです。これは五〇グラムの板チョコ約四〇枚分の量です。これだけでも多いと思いますが、世界一はドイツで、一人が一年間に食べる量はなんと約一一キログラム！　板チョコにすれば約二二〇枚分にあたります。ドイツ以外でも、ヨーロッパの北の地方ではチョコレートをたくさん食べているというデータがあります。このデータは、ケーキなどに使われるチョコレートやチョコレートドリンクも含む量だそうですが、それにしても驚きの摂取量です。

最近チョコレートがもてはやされるようになったのは、チョコレートに「ポリフェノール」が含まれていることがわかったのがきっかけでした。ポリフェノールには、がんや動脈硬化などさまざまな病気の原因といわれる活性酸素を抑えるはたらきがあるといわれています。少し前、赤ワインに多く含まれていることがわかり、赤ワインの売上げが一気に伸びたことも記憶に新しいのですが、じつはポリフェノールが含まれる量は、赤ワインよりもチョコレートのほうがはるかに多いそうです。

ところで、チョコレートには銅が多く含まれていることをご存知ですか。カリフォルニア大学の栄養学・内科学のカール・キーン教授の報告によれば「カカオ豆には銅が豊富に含まれており、しかも幸いなことに、多くの銅は豆がココアやチョコレートに加工されても残存する」ということです。

じつは銅は、人間などの高等動物や植物に必須な栄養元素です。もし銅の摂取が足りないと、動物は、成長が遅れたり、骨がもろくなったり、運動能力が衰えたりしてしまいます。あまり知られていませんが、銅はさまざまな食品に含まれていて、私たち人間は日常生活で知らないうちに銅を摂取しています。銅を多く含む食品には、穀類、木の実、干しぶどう、貝類、牛や豚など動物の肝臓、豆類などがあります。

アメリカ・ネブラスカ大学の栄養科学者・応用栄養学者のナンシー・ベッツ氏は、「チョコレートをよく食べるアメリカ人は、銅の摂取量の約一〇％をチョコレートからとっている」と報告しています。チョコレートバーが好きなアメリカ人は、知らぬ間に銅も摂取していたということになります。

豊富な栄養素を含むチョコレートですが、やはり一番の魅力はとろけるような味わいです。食べた人の気持ちも和らげてくれるチョコレートには、そんな人を幸福にするパワーがあるようです。

海のミルク——牡蠣

仲秋のころ魚屋さんの店頭に牡蠣《かき》が並ぶと、「ああ、また冬がやってくる」と感じられます。牡蠣は鍋料理に欠かせない、冬の味覚ですね。

日本の鍋料理だけでなく、牡蠣は世界中で愛されている食材の一つです。普通は生の魚介を食べない欧米でも、牡蠣だけは生で食べる習慣が広まっています。フランス料理のオードブルで、レモンなど酸味のあるソースをかけていただく生牡蠣は格別です。またアメリカ・ボストンのオイスターバーには、世界中の牡蠣が集まっており、一年中いろいろな牡蠣の料理が楽しめます。中華料理でも炒め物などの具としてよく使われますし、ポピュラーな調味料の牡蠣油（オイスターソース）には、牡蠣のうま味がギュッと詰まっています。

もっともポピュラーな牡蠣であるマガキは、英語でｒの入らない月、つまり五月のＭａｙから八月のＡｕｇｕｓｔまでは牡蠣の産卵期なので、食用には適さないといわれています。ただしこれはマガキの場合で、マガキ以外の牡蠣では、春から夏に旬を迎えるイワガキなどもありますから、一年中おいしい牡蠣を食べることができます。

日本の国内で食べられる牡蠣はマガキの養殖ものが多く、広島や仙台の牡蠣が全国に出まわっています。この地方では、イカダと呼ばれる牡蠣の養殖施設が多く見られ、出荷の時期には大いににぎわいます。牡蠣は、水温が摂氏一〇度を超えると卵をつくり始め、仙台あたりでは七月下旬から八月上旬ごろに産卵します。これを海中で育てて、ホタテ貝の殻につけて、海上の養殖施設で養殖します。この状態で一、二年たつと、牡蠣は出荷できるような大きさに育ちます。

大皿に盛られた生牡蠣

牡蠣が育つためのエネルギーは、グリコーゲンという栄養素です。牡蠣は成長するために、体内にグリコーゲンをたくさん蓄積します。また産卵期には、牡蠣の卵をつくるエネルギー源としても重要な栄養源になります。このグリコーゲンは、牡蠣のおいしさの秘密ともいわれています。牡蠣の体内にあるグリコーゲンは、産卵したあとの夏にもっとも量が減りますが、冬に向けてだんだん増加し、卵をつくり始める直前の三月から四月にもっとも多く蓄えられます。一般に牡蠣のシーズンは、秋から冬にかけてだと思われていますが、そのように考えると、じつはシーズンの終わりごろのほうがグリコーゲンが多く、おいしいとい

銅が多く含まれている食品

食品	水分（%）	含有量	
		乾燥材料（mg/kg）	新鮮材料（mg/kg）
牡蠣	87.5	245.8	30.7
海老	81.1	38.8	7.3
松茸	71.2	61.7	17.9
大根	94.4	28.7	1.6
レバー	71.6	75.7	21.5
ココア	4.5	35.0	33.4

えそうです。英語では牡蠣を使ったたとえに as close as an oyster というのがあり、「無口」とか「口が堅い人」のたとえになっていますが、じっとしている間に豊富な栄養分を蓄えて、ひそかに成長しているのですね。

ところで、牡蠣は「海のミルク」と呼ばれ、なめらかなミルクのような風味をもっています。グリコーゲンをはじめとして、含まれている栄養素も豊富で、たんぱく質、鉄分、ビタミン類が豊富で、とくに銅や亜鉛などのミネラルの量が他の食品にくらべて圧倒的に多い、という特徴があります。

文豪ヘミングウェイは「牡蠣を食べると銅の味がする」という言葉を残しています。そういわれて食べてみると、かすかに舌を刺す苦味と酸味が感じられます。牡蠣の中に銅が含まれている、というとちょっと意外な感じがしますが、銅はいろいろな食材に含まれていて、私たちは毎日のように銅を体の中に取り入れています。

銅は、血液をつくる、色素をつくる、骨や血管を正常に保つ、脳のはたらきを助けるなど、人間の体内で大切な役割を果たしていて、銅の摂取が不足すると、貧血や動脈硬化を起こしやすくなります。貧血の原因は、体内に酸素を運ぶヘモグロビンの量の減少ですが、銅はヘモグロビンの合成を促進する触媒のようなはたらきをする大切な成分なのです。銅が、人間の健康にとって不可欠な成分であることがわかったのは、いまから約七〇年前のことです。銅のように、生物の体内から少量しか見つからない成分は「微量元素」と呼ばれていますが、銅や亜鉛などいくつかの金属元素が人間の健康にとって不可欠であることが科学的にも証明されています。

私たちの健康に役立つ銅のはたらき。牡蠣を食べるたび、豊富な栄養素に感謝したいものです。

みんな大好き！　卵焼きをおいしく焼くなら……

ある日、貧乏長屋のみんなが大家に呼ばれた。またまた家賃の催促かと、しぶしぶ集まってみれば、大家が「みんなで花見に出かけよう」という。酒も料理も用意してくれるというので、それなら行こうと出かけてみると、大家が用意した酒は、じつは茶を薄めたもの、かまぼこは大根、卵焼きはたくあんだった。それでも年に一度の花見、みんな酔ったつもりになって大いに盛り上がる……。お馴染みの落語「長屋の花見」のひとこまです。

花見弁当にかぎらず、みんなが大好きな卵焼き。たとえば駅弁で「三種の神器」と呼ばれるおかずは、卵焼き、かまぼこ、魚で、ここにもちゃんと卵焼きが入っています。

にわとりの卵は、見た目の色も、味もいいことに加え、料理法も多く、味にくせがなく、誰もが好きな食材の一つでしょう。また「価格の優等生」といわれるほど、値段が安定して安いことも、人気の秘密ですね。もちろん、世界中どこの国でも卵を焼いた家庭料理に出会うことができます。

ところで日本の卵焼きですが、関東と関西では、名前は同じ「卵焼き」でも、まったく違うことにお気づきでしょうか。関東では、まず卵を粗くといて、出し汁はあまり多く使わず、みりんか砂糖で味をつけ、しょうゆで加減を整えます。焼くときは四角形の鍋で、少し焦がすようにして、鍋の向こうから手前へと折り曲げるようにして巻いていきます。

これに対し関西では、卵をよくとき、たっぷりの出し汁を使って、卵と出し汁が分離するのを防ぐためにでんぷんを混ぜ、それをこしてから淡口しょうゆだけで調味します。焼き方も関東とは違っていて、手前から向こうへと巻いていきます。こうすると切り口に焦げ目がなく、内側と外側の卵が密着し、舌ざわりがやわらかな卵焼きになるのです。

ふっくらとした卵焼きの出来上がり

卵焼きに使用する鍋には、昔から銅鍋が使われてきました。ステンレスやアルミニウムでテフロン加工した鍋も出まわっていますが、銅鍋には熱を均一に伝えるという特徴があります。板前さんの間でも、熱すると固まる卵の性質に合わせ、卵の焼き加減を調節するには銅鍋がよいといわれています。関東と関西の卵焼きに違いがあるように、卵焼き鍋にも関東型と関西型があります。違っているのは鍋の形で、関東型は正方形、関西型は長方形をしていて、この微妙な形が鍋の扱いやすさの秘訣のようです。

兵庫県明石の名物に「明石焼き」というのがあります。一説には約一六〇年の歴史をもつ食べ物で、たこ焼きの元祖ともいわれています。ご存知でない方のために簡単にご紹介しましょう。まず、卵と「じん粉」と呼ばれる小麦粉のでんぷんを混ぜて生地をつくります。これに瀬戸内名産のたこを入れ、直径四、五センチの丸い型に入れてふわふわに焼き上げます。焼きたてのあつあつをだし汁につけ、フウフウいいながら食べるのは格別です。

見た目はたこ焼きに似ていますが、つくり方でおわかりのように、味は関西風の卵焼きに近く、「卵焼き」とも呼ばれています。ということで、明石焼きを焼くときの鍋（型）といえば、地元ではやっぱり銅鍋が使われることが多いようです。外側が焼けて、中はふわふわの明石焼きをつくるのに、銅鍋の特徴が生かされています。

向かうところ敵なしの銅鍋ですが、じつは少し前まで少々困ったことが起きていました。それはＩＨクッキングヒーターとの相性です。最近普及しているオール電化住宅では、キッチンにＩＨクッキングヒーターがあるのは当たり前。ＩＨとは電磁誘導加熱（Induction Heating）のことで、ヒーター内のコイルから発生する磁力線のはたらきによって鍋自体をヒーターのように発熱させるものです。鍋が鉄製だと電気抵抗が大きいため、流れる電流が熱に変わり、鍋の底板が熱くなります。同様に、ステンレスやほうろうの鍋でも調理ができました。ところが、熱抵抗が小さい材質の鍋、たとえば銅鍋やアルミ鍋は、電流は通っても十分な発熱が得られないことから、ＩＨクッキングヒーターでは使えない時期が続きました。しかし、これまで銅鍋などを愛用してきた消費者からの「これまで使ってきた鍋を使いたい」との声も高まり、最近では銅鍋でも鉄などと同じように強火の調理ができるタイプが登場しています。ただし、直火で調理するのとは少し違うコツが必要なようですが、それでも慣れ親しんだ鍋のほうが愛着があってよいものですね。

和菓子職人が選ぶ秘密兵器

文化の高いところにはすぐれた菓子が生まれるといいます。日本には、和菓子という独特な菓子の世界が、長い年月をかけてできあがってきました。蒸し菓子、棹物《さお》、餅菓子、干菓子《ひ》、生菓子、焼き菓子など、種類が多く、独特な味や風味をもつ和菓子。世界のどこにもない、いかにも「日本らしさ」を感じさせる菓子といえるでしょう。

和菓子は、茶道と切っても切れない関係にあり、茶道の普及とともに発達したといわれていますが、砂糖の入った甘い菓子が一般に出まわるようになったのは江戸時代になってからです。茶道では、和菓子を抹茶の薄茶や苦めの濃茶《こいちゃ》とともに口直しとして食べることも多く、味は甘いものが多いのが特徴です。また見た目を大切にするのも和菓子の特徴で、季節のものを模したデザインや、夏なら涼しげにするために透明感のある葛《くず》を使ったり、赤、青、緑などの色が食紅などによって彩られるなど、細かな気配りから独特な和菓子がつくられてきました。

そして和菓子になくてはならないのが「あん」です。小豆《あずき》と砂糖がつくり出すあんの風味は、多くの日本人がこよなく愛する日本独自のもの。そして、おいしいあんをつくるには銅鍋が適

整然と並ぶあんを煮る銅釜

和菓子の銅製蒸し器

しているというのは、和菓子の職人さんの間ではよく知られていることです。

厨房道具の問屋さんが並ぶ東京・河童橋。鍋を扱う店も数多く、そのような店に入ると天井から床まで大小さまざまな鍋が並んでいます。鍋の材質にはステンレス、鉄、アルミニウムなどがありますが、その中でも美しさが際立つのが銅の鍋です。問屋街では業務用が中心とあって、家庭ではなかなかお目にかかれないサイズの鍋にもたくさん出会えますが、その中でもでひときわ大きな直径一メートルほどの大きな銅鍋！　聞けば、菓子屋さんであんをつくるための鍋だそうです。

大量のあんでつくる和菓子の代表が羊羹《ようかん》です。羊羹とはもともと「羊」の「羹（あつもの、汁物のこと）」という意味で、文字どおり「羊肉を入れた汁物」のことでした。古代中国で食べられていた羊羹、つまり羊肉の汁物は、日本には平安時代に伝わりました。しかし当時の日本では、羊肉の代わりに小豆や小麦などの粉を練って蒸し、汁の具として食べたそうです。その後、汁物の具のところだけが茶菓子として使われるようになり、和菓子の羊羹になったのです。

さて最近の羊羹づくりは、どのように行われているのでしょうか。

羊羹づくりは、まず小豆を煮ることから始まります。小豆の風味をそのままに、豆をつぶさないように気をつけながらやわらかく煮上げます。煮上がった小豆は、製あん機であんと皮とに分け、あんはアクをとるために、何回も水でさらします。

アクが抜けたあんは、砂糖と寒天といっしょに練り釜にかけられます。これを加熱しながら練り上げていくのです。このときに使うのが、先ほど紹介したような大きな銅鍋です。羊羹をつくる工程全体の中で、この練りがもっとも気を抜けない大事な工程だそうです。材料をゆっくりと加熱しながら攪拌《かくはん》して練り上げていくのですが、この工程であんのまったりとした味が決まるといわれます。

銅鍋が使われている理由には、昔から伝えられた技術であるということもありますが、おそらく熱伝導率にすぐれているので、大きな鍋全体に熱が均等に伝わり、あんへの熱の伝わりぐあいがいいから、と考えられます。練り工程で使用されている銅鍋には、純銅のものや砲金（ガンメタル、銅約九〇％と錫《すず》、亜鉛などとの合金）のものなどがあります。

よく練られたあんは、このあと商品の形に充填され、包装されて練り羊羹となり、ようやく店頭に並ぶというわけです。

ところで「日本で一番羊羹が好きな街」を知っていますか。ある調査で、日本全国の都道府県庁所在地の中で一世帯あたりの羊羹の購入金額を調べたところ、もっとも多かったのは九州の佐賀市だったそうです。しかも、その金額は全国平均の二倍以上といいますから、佐賀の人は日本一羊羹好きだといえそうですね。また佐賀県の中でも羊羹づくりで有名な街は、佐賀市の北西に位置する小城《おぎ》市で、「小城羊羹」の名で、街中に約二〇軒の羊羹店が軒を連ねているそうです。羊羹は、砂糖の作用で大変日持ちがよいものですから、佐賀を訪れたときは、ぜひ羊羹をおみやげにしてください。

大根を「おろす」のは日本だけの文化

日本は世界一の大根消費国です。最近では、スーパーの店頭に並ぶ大根にもいろいろな種類があります。現在の主流は青首大根で、三浦半島産などが有名です。このほかにも産地によって特徴のある大根がいろいろと栽培されていて、丸くて大きい桜島大根や、細長い守口大根などが有名です。

ところで、ここ二、三年の間によく見かけるようになった大根で「辛み大根」という種類があります。名前のとおり辛みが非常に強く、わさびやしょうがのように薬味として珍重されています。もともと京都や北陸、信越地方などで栽培されていたのですが、そばの薬味に最適ということで、現在ではそばを栽培している地域で栽培されることが多いようです。信州特産の「ねずみ大根」も辛み大根の一種で、ずんぐりした形に細いひげ根がついていて、ねずみのようなちょっとユーモラスな形をしていることからこのように呼ばれています。大根おろしの絞り汁に味噌を溶かし、それをそばつゆにしていただきます。おいしいそばと辛み大根の組合せ。スローライフブームが浸透するなか、食材本来のおいしさを味わう素朴なメニューは、そば好きでなくても一度は試したいものですね。

ところで、大根おろしのように野菜をおろすという調理法は、日本独特のものだそうです。どこの家の台所にもおろし金があり、大根おろしをつくることはよくあると思いますが、大根おろしをおいしくつくるのは、意外にむずかしいものです。粗くおろしすぎて舌ざわりが悪かったり、水気が出すぎてしまったり。それでは、料亭などで味わう、ふんわりとけるような大根おろしはどうしたらできるのでしょうか。じつは料亭の板前さんが愛用する道具の一つに、銅のおろし金があります。

完成した大小の銅おろし金

銅のおろし金の歴史は意外に古く、江戸時代前期の百科事典『和漢三才図会』の中に「かたちは小さなちり取りのようで、爪刺（目）が起こしてある。わさび、しょうが、甘藷などをする。」という説明が掲載されています。

それでは、銅のおろし金は、どのようにつくられるのでしょうか。現在わずかに残る、純銅のおろし金をつくる職人さんの製作現場を訪ねました。

おろし金をつくるには、まず銅板を型に合わせて切りとり、これをたたいて硬度を高めます。これに縁取りをし、錫《すず》めっきをします。

次は「目立て」と呼ばれる工程で、銅板に細かい目（突起）をつける作業です。目は、鏨《たがね》と金槌を使ってつくられます。鏨を板の面に対して四五度の角度で、連続的に打ち込んでいきます。その作業はリズミカルで、かつ正確です。そのようすは、伝統工芸の彫金技術のようにも見えます。

こうしてできた目は、どれも同じように見えますが、拡大してみると、じつは少しずつ異なった形をしています。機械でつくられたおろし金は、目が均一なため、おろしているうちに大根のおろしている面に筋ができてしまい、大根のほうをまわしながらおろさなくてはなりません。その点、手づくりのおろし金はおろすたびに大根に目がかかるので、大根をまわさなくてもよいのです。このあたりが、手づくりならではのよさだといえます。

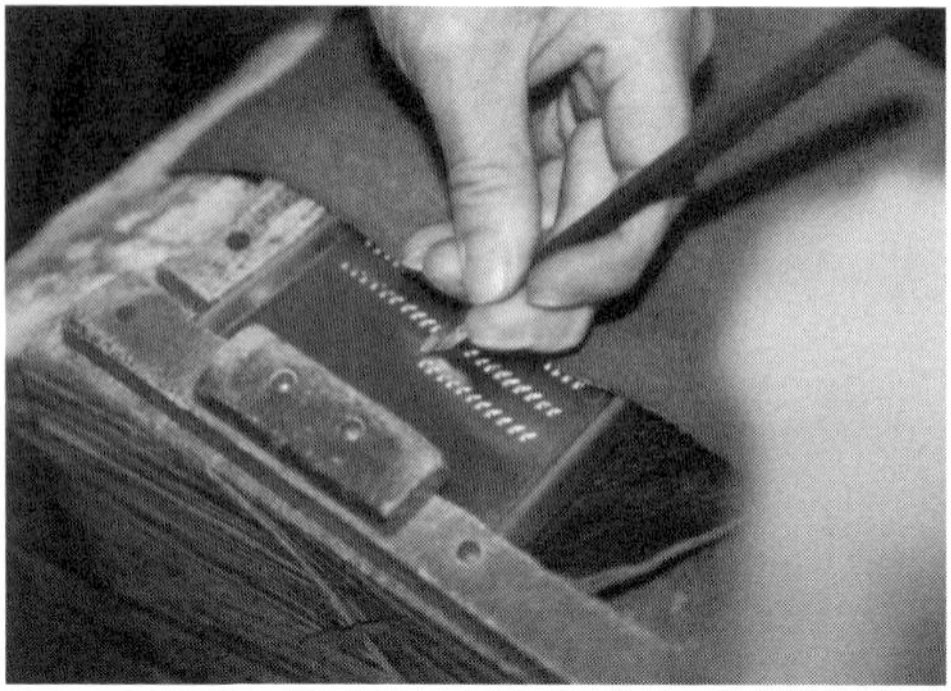
規則的なリズムで目立てられる銅板

また機械でつくるおろし金と手づくりのものとでは、切れ味に大きな違いがあるそうです。切れ味が悪い目で大根をおろすと、大根の繊維と水分が分離して味が悪くなってしまいます。手づくりでは、切れ味をよくするため材料に硬質な純銅（りん脱酸銅）を使用するうえに、これをたたいて硬化させています。切れ味がよいと、大根おろしの繊維を細かく切ることができ、繊維と水分を分離せずにおろせます。セラミックやプラスチックのおろし金では、どうしても水っぽさが出やすくなります。銅のおろし金がもつ切れ味があってこそ、まろやかな味をもつ大根おろしができるのです。市販のおろし金にはアルミニウム製のものもありますが、職人さんによればアルミニウムだとやわらかすぎてシャープな目にならず、また鉄だと硬すぎて手仕事に向かないそうです。つまり銅は、手づくりのおろし金に最適な材料なのです。

ところで、大根の辛みの成分はすりおろすことによって出てきますが、辛み成分は揮発性なので、長時間放置するとほとんど辛みがなくなってしまいます。また、大根おろしに含まれているビタミンCも長時間放置によって酸化が進んでしまいます。ということで、大根おろしは、なるべく食べる直前にすりおろすことが大切。家庭でも、銅のおろし金を使って、プロの気分で大根本来の味を楽しんでください。

吾輩はビール好きの猫である

吾輩は猫である。名前はまだない。

この家へ来て二年越しになるというのに名前もまだないというのは、吾輩のご主人も相当な無精者。妻子を残して倫敦《ロンドン》なる街へ留学したなどと聞くと、かなりの勉学家とも思われるが、なんのなんの、大変な飲み助で、きっと彼の街でも切り詰めた生活のかたわらパブでビールの味だけはしっかり覚えてしまったに違いない。今日なども、いましがた近所へ地ビールを飲みに出かけてしまった。

この地ビールなるもの、一九九四年に酒税法が改正されて、年間の最低製造本数が大瓶約三〇〇万本から九万本に引き下げられたことから、大手ビールメーカーだけでなく中小のメーカーもビールづくりに参入できるようになり、間もなくブームに火がついた。たいそう人気があるそうで、聞くところによれば、いま全国で約二三〇の地ビールメーカーがあるのだとか。

どこももちろん手づくりで、甘味や苦味など千差万別。北は北海道から南は沖縄まで、各地の風土に合った地ビールが製造され、味わいの個性が競われているのも人気の秘密なのだそうだ。地ビールツアーなども盛んに催されているようで、そんな旅までして飲みたいものなのか、酒飲みの気持ちは吾輩にはよくわからない。

地ビールは、ビール工場でつくられた出来立てのビールを、つくったその場所で味わえることが多い。店によっては醸造設備が客席からも見える。醸造に使われる銅製の仕込釜に見覚えがある方も多いだろう。それは一種のアンティーク。きらきらと輝いて見た目にも華やかだ。

じつはこの仕込釜に銅が使用されるのは大手ビールメーカーでも地ビールメーカーでも同様で、これはもう昔からの伝統なのである。

ビール仕込釜

なぜかというと、まず銅は熱を伝えやすいから釜にいい。加工もしやすいし耐久性も高いから、醸造設備の素材としてはもってこいだ。と、それ以上に大事なのが、銅だと風味がよくなるという点なのだそうだ。

ビールの原料となる麦芽から、硫黄化合物などの悪い香りの成分が出てくるのだが、銅がこれを打ち消してくれる。また、こうした成分は熟成の妨げともなるらしいから、二重の意味で銅は風味づくりに役立っているのだ。

ちなみに、ウイスキーについても同様のことがいえるらしい。

ウイスキーの原酒をつくる工場のことを「ディスティラリー」と呼ぶそうだが、ここにも古風というか芸術的なフォルムの、美しい銅製の蒸留釜が並ぶ。この蒸留釜の形もさまざまで、とくに上部全体の形状の差が品質を左右するらしい。その形が、ディスティラリーの独自性、個性、伝統を、それぞれに表現しているものなのだそうだ。

で、この蒸留釜に銅を使う理由もまたビールと同じように、品質的な理由があげられるのである。銅は、発酵液や酵母から発生する硫黄系の物質の嫌な臭いを、ビールのときと同様に打ち消してくれる。熟成もスムースになる。結果、風味のよい、おいしいウイスキーができあがるんだそうな。

吾輩のご主人のような上戸な御仁たちはすべて銅のお世話になっている、といっても過言ではないのである。

ビールに話を戻すが、その発祥は紀元前四〇〇〇年ごろのメソポタミアとするのが定説らしい。人間のご先祖たちが、麦からパンをつくる工程で発見した。「飲むパン」という別名もここからか。いまでは本場といえばまず思い浮かぶのがドイツだが、ここでも伝統的に釜に用いるのは銅。銅とビールは切り離せない間柄だ。

最後に、おいしくビールをいただくための知恵を一つ。ビアグラスに霜を上手につける方法である。まずグラスをさっとお湯にくぐらせる。水滴を切って冷蔵庫へ。一五分ほど待って取

り出せば、真っ白な霜がついているはず。お試しあれ。

ああ、それにしてもいつもご主人たちが飲んでいるあのビール、前後不覚になるほど気分よくなれるものならば、今日は吾輩も一杯頂戴してみようか。そういえばちゃぶ台の上に飲みさしのビールが残っていたっけ。一度飲んでみたいと思っていた、いい景気づけにもなろうというものだ。

さてと、ではぐいっといただきます。ありがたい、ありがたい……。

人気のIH炊飯器も、やはり「初めチョロチョロ」

質問です。あなたにとって、おにぎりはどんな形？

三角、とお答えになる方、あるいは俵形、太鼓形、まん丸と、おにぎりのイメージもさまざまでしょう。いまどきは全国のコンビニでいろいろな形のおにぎりが売られていますから、多種多様な形に見慣れてしまったかもしれません。じつはちょっと前まではおにぎりの形には地域性があって、三角形こそ全国区でしたが、太鼓形は東日本、俵形は主に関西を中心とした西日本の形でした。

呼び名も「おにぎり」「おむすび」、青森で「握りまま」など差はありますが、日本人のいちばん好きな食べ物ランキングの上位に位置することは間違いなさそうです。

家庭の味、おにぎりのおいしい握り方の基本は、あつあつのときに握ること。手のひらを水で濡らし、塩をまぶして、熱いのをちょっと我慢しながら握ると、冷めてもおいしいおにぎりに仕上がります。

もちろん、ここで欠かせないのが、ふっくらとおいしく炊き上がったごはん。

ごはんは日本の食の基本。かまどで炊く時代から伝わる飯炊きの知恵は、現在の炊飯器にも生かされています。二〇〇〇年に発売されて以来、ヒット商品となっている「ＩＨ炊飯器」に、その工夫が見てとれ、そしてそこでも銅が活躍しているのです。

初めチョロチョロ、中パッパ……という言葉がありますが、もう一度、そのフレーズと、炊飯の火加減の目安を思い出してみましょう。

初めチョロチョロ（お米に水を吸収させ膨張させます）

中パッパ（一気に高温で炊飯）

ブツブツいうころ火をひいて（やがて炊き上がってきて）

一握りのわら燃やし（いよいよ追い炊きの工程に）

赤子泣くともふた取るな（余分な水分を飛ばし、しっかり蒸らします）

炊飯器の場合、もっとも大切な工程となるのは「中パッパ」の、一気に高温で炊き上げる部分です。昇温に勢いがあればあるほど、ごはんはしゃっきり炊き上がります。

ＩＨ炊飯器というだけで、この中パッパはかなり向上するのですが、さらにおいしいごはんをつくるため、従来のＩＨ炊飯器を超える強火を求めたのが、松下電器産業(株)でした。

そもそも、ＩＨ炊飯器というのは、釜のまわりに配置した銅コイルに電流を流すことで磁力線を発生させ、釜に渦電流を起こすことで、一気に高温発熱させるシステム。ですから、釜には磁力を通しやすい素材が求められます。

製造ラインを流れるIH炊飯器の銅釜

電気や熱を伝えやすい性質から、銅であればさらに十分な発熱が見込めますが、銅は磁力を通しにくいため、釜には適さないとされていました。ところが、同社のアイデアは意外なところにありました。すなわち「銅を箔のように薄くしたら……」というもの。ヒントになったのは奈良の薬師寺にある、薬師如来像の金箔だったそうです。

実験の結果、導き出された最適の薄さは五マイクロメートル。この箔とステンレス、アルミの材料を組み合わせて、さらにハイパワーな炊飯器が誕生したのです。

実用化にあたっては、いくつかの超えなければならないハードルがありました。その一つが「めっき」の問題。五マイクロメートルという薄さですから、釜をプレス成形するときにめっきがはがれてしまいます。めっきをプレス後に行えばいいのですが、それでは工程がかさみます。そこで、特別な下地処理を施し、これによってめっきの密着性を高めることに成功しています。

また釜の内側には、ごはんをくっつきにくくするふっ素樹脂コートを施しますが、これを通常の四〇〇度で焼き付けてしまうと、お釜が焦げてしまいます。せっかくの美しい銅釜の見た目が台なしですから、ここにも工夫が必要でした。「無酸素焼成」という方法を用いることで解決しましたが、この技術はなかなか他社では真似のできないものなのだそうです。

銅にこだわったのには、もう一つ理由があります。

それは、銅のもつあたたかさです。加熱調理器具にぴったりの赤い色。高級なイメージを与えるため、発売前にあらかじめ行った主婦へのアンケート結果でも、大変な好印象が得られたそうです。

弥生時代の遺跡から、炭化した米粒の塊が見つかっているとか。以来、日本人の食生活とは切っても切れない関係にある、おにぎり。初めチョロチョロのおばあちゃんの知恵が、ハイテク炊飯器のメモリーにしっかり記憶されている限り、おいしいおにぎりはこれからも食卓の真ん中に座り続けるに違いありません。

美味にこだわる春夏秋冬

四季の移ろうわが国では、暑い季節には涼の美味を求め、寒くなったらあたたかな膳を楽しむという食の喜びがあります。

日本人に生まれてよかった、と思える季節のシーンから、夏のビールと冬の鍋物のおいしい楽しみ方をご紹介します。もちろん、ここでも銅は大活躍です。

まずはビールから。

グラスにきれいな霜をつける方法は「吾輩はビール好きの猫である」の項を参照いただくとして、ここでは注ぎ方に注目してみましょう。

まずグラスにビールを注ぎ始めるときは、ゆっくり注いでたっぷり泡立たせます。次第に勢いよく注ぎ、泡がグラスからあふれる手前で止めます。ここで小休止。泡が半分くらいに減るまで待ちます。泡が減ったら、再びゆっくり注いで、今度は泡がグラスから盛り上がったところで、あふれる前に注ぐのを止めます。

これで完成です。

ビールの泡は、ホップや酵母が醸《かも》す香りが発散する速度を遅めたり、ビールが空気と接触して酸化してしまうのを防ぐ役割をもっています。細かな泡立ちにすればするほどその効果が高まり、また口当たりもスムースになります。

ここで大切なのは、ビールを適度に冷やしておくこと。ビールがぬるいと泡だらけになってしまいますし、泡が立たなければ冷やしすぎかもしれません。

また、保存の方法も大切。「振動」は大敵ですから、冷蔵庫のドア側に収納するのはあまりお薦めできません。また、光にあてるのも避けましょう。光を通さないために、ビール瓶も茶色をしています。

ぬるいビールを素早く冷やすには、まずビール瓶、缶全体を水で濡らした布で包み、冷凍庫に入れます。一〇分もすればしっかり冷えているはず。ただし、入れっぱなしにすると破裂の危険がありますから、注意が必要です。

さて、ここで銅の登場です。

みなさんはビールを飲むとき、「銅ジョッキ」をお試しになったことはありますか。これが、意外にすぐれものなのです。

ビールを飲むとき、まず唇に触れるのがジョッキの縁。銅とガラス、その縁の部分の「温度」に注目してみます。まずテーブルにおかれた二つのジョッキ。最初はどちらも室温と同じくらいの温度です。そこへ摂氏五～六度に冷やされたビールを注ぎます。ここで、銅とガラスで、温度の変化に差が出てきます。熱伝導率でいうと、銅はガラスの約四五〇倍。ビールが注がれたときに、圧倒的に銅のほうが急激に冷えるのです。ガラスが室温と大差ない温度だったとしても、銅のジョッキはすでに五～六度に近い冷えぐあいになっています。

唇をジョッキにつけたときに感じる冷たさの差が、ビールのおいしさの差。ぜひ一度、銅ジョッキをお試しになってください。

さて、ここからはあたたかい鍋の話に移りましょう。

古今東西、鍋にもいろいろありますが、田楽が起源とされる人気の鍋、「おでん」をとりあげてみます。

おでんも地域によっていろいろな特徴があります。関西では「関東煮」と書いて「かんとうだき」と呼び、牛すじが欠かせない種。愛知では味噌で煮込んだり味噌だれをつけて食べ、東北でおでんを注文すると「田楽」が出てくることも多いとか。沖縄では豚足やソーセージまで入っているといいますから、まさに変わり種です。

いずれにしても、おでんは種の種類が多ければ多いほど味が複雑になっておいしさも増していきます。ここで決め手になるのが練り物。豊富な栄養成分が、健康にもプラスにはたらきます。たとえば、つみれ。原料となる鰯《いわし》には、「頭がよくなる」といわれるDHAが多く含まれ、はんぺんは脂肪を〇・三％しか含まない低脂肪の優等生食品。ちくわやさつま揚げは鉄分を多く含みます。練り物以外でも、食物繊維は昆布やこんにゃく、ビタミンCはジャガイモからと、おでんの鍋はまるで健康食品の見本市のようです。

おいしいおでんをつくるために大切なのは、出し汁を沸騰させないこと。沸騰させずにやや弱火でコトコトたき続けるのがコツだそうです。おでん鍋には伝統的に昔から銅が使われていました。アルミやステンレスがなかった時代、鉄、という選択もあったはずですが、出し汁には塩分があるため、錆が気になります。その点、銅であれば錆びにくいので、長く美しく使うことができます。また、おでんは種を次々に仕込みながらつくり置いていきますから、見た目に美しい銅の鍋は、食の場の雰囲気を壊さないという点でも、おでんにうってつけだったのでしょう。

春夏秋冬、旬の喜びは数知れずありますが、日本の食のいろいろな場面で、今日も銅がお役に立っています。

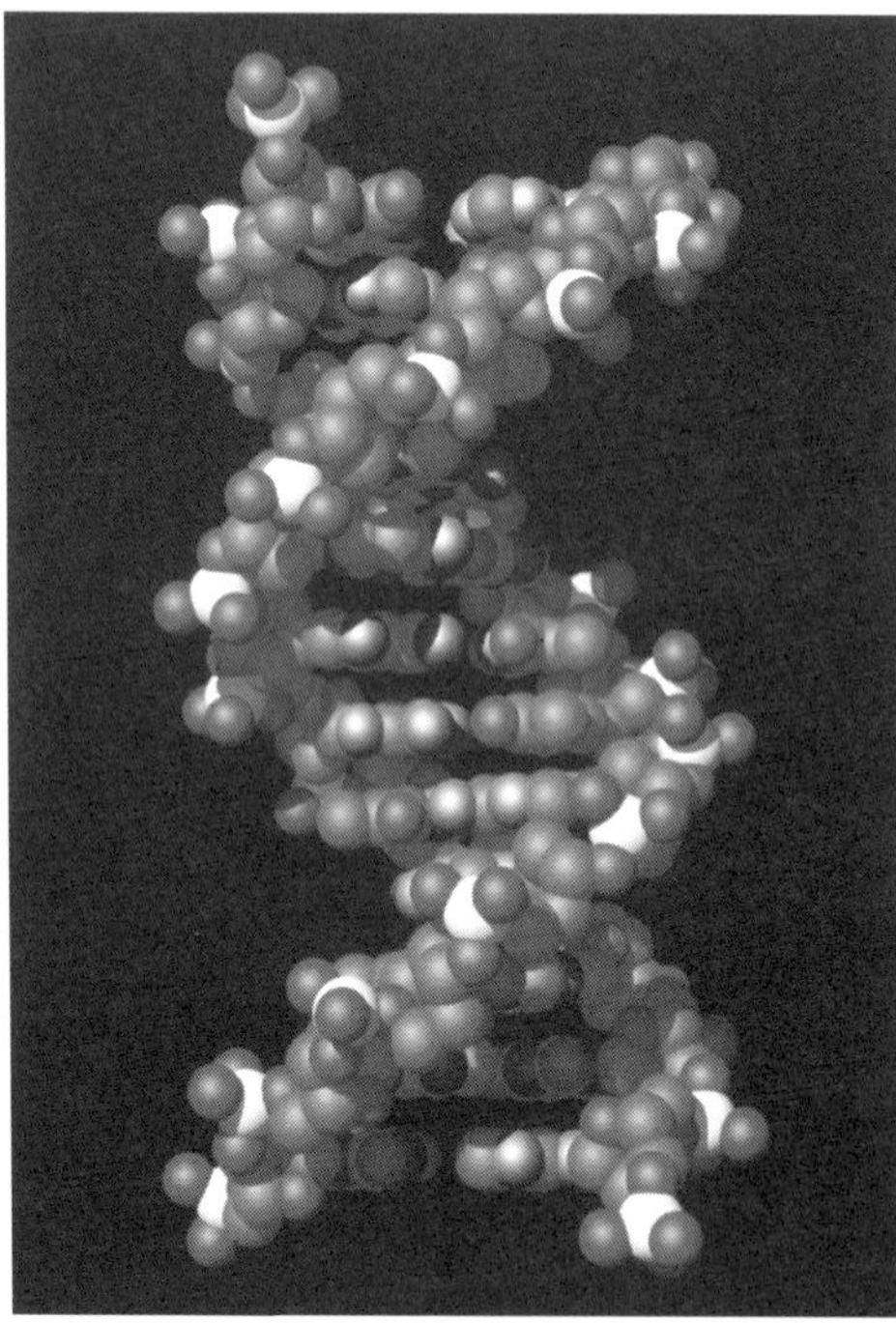

銅と健康

くらっときたら血のミネラル、栄養機能食品の新しい仲間

たらふく夕飯を食べたあと、満腹になってソファに身を横たえ、新聞をめくっていると、小さな記事が目にとまりました。「栄養機能食品（サプリメント）に銅……」

んんっ「銅⁉」 日ごろ、なにかにつけてカルシウムや鉄は、必須ミネラルとして耳にしています。そのたびにカルシウム不足、鉄分不足にならないよう、牛乳を飲んだり、レバーやほうれん草を食べたり、カルシウムや鉄を含むサプリメントが食器棚に並び、気が向いたときにときどき飲んだりしている方も多いはず。それが「銅不足？」 初めて知る方もいるのではないでしょうか。

それもそのはず、銅は二〇〇四年三月に厚生労働省によって栄養機能食品として栄養成分機能の表示が認められたばかりです。栄養機能食品とは、高齢化やライフスタイルの変化により、通常の食生活を行うことがむずかしく、一日に必要な栄養成分をとれない場合に、その補給のために利用する食品のことです。栄養機能食品の表示の対象となる栄養成分は、人間の生命活動に不可欠な栄養素で、科学的根拠が医学的・栄養学的に認められたものです。現在、ミネラ

ル五種、ビタミン一二種の規格基準が定められています。今回新たに加えられた銅は、体の中でどんな役割を果たしているのでしょうか。

いろいろな研究によると、人間の体には約八〇〜一〇〇ミリグラムの銅が含まれていることがわかっています。私たちは毎日二〜五ミリグラムの銅をおもに食べ物から摂取し、それを排泄しているのが、正常で健康な状態とされています。体内での銅のはたらきすべてが解明されているわけではありませんが、血液をつくったり、骨や血液を正常に保ったり、脳のはたらきを助けるなどしています。とくに発育の盛んな時期には、たくさんの銅を必要とし、新生児は大人の二〜三倍の銅をもっていることがわかっています。このために妊娠した母親の血液中には、通常の二倍以上の銅が含まれているというデータもあります。生まれたばかりのときは、成長に必要な銅を十分もっていますが、離乳期を過ぎるとだんだん低下していくため、食べ物から銅を補う必要があるのです。

貧血で目まいや立ちくらみをおぼえたら、鉄分を摂取する人がいます。鉄は血液中のヘモグロビン合成に必要となり、不足すると貧血をひき起こします。このことは多くの人が知っていることです。では、銅が不足するとどうなるのでしょうか。銅は直接結合はしませんが、ヘモグロビンの合成、赤血球の生産などの、化学でいうところの触媒のようなはたらきをします。銅が不足すると鉄の利用が妨げられ、ヘモグロビン合成が低下し、貧血をまねきます。つまり、鉄がいくらあっても銅が不足するとヘモグロビンはうまく合成できないのです。このような血液との密接なかかわりから、ちまたでは鉄や銅は「血のミネラル」と呼ばれたりもしています。

しかし銅の欠乏に対しては、むやみに心配する必要はありません。銅はたくさんの食べ物に含まれるため、ふだん口にする食べ物から知らず知らずのうちに必要量（一日に約二～五ミリグラム）を十分にとっているからです。一般的な食生活を送っているかぎり、銅欠乏による病気はめったに起こりません。

逆に、銅を多量にとりすぎた場合はどうなるのでしょうか。いわゆる銅中毒といわれるものです。これは、一部の地域の羊や牛に見られるだけで、人間ではごくまれです。一般的に人間は、銅が少なければ溜めておき、多ければ排泄を促すはたらきがすぐれているため、銅欠乏も銅中毒もたいていの場合起こらないのです。

銅は、私たちの生命と健康維持に欠くことのできない大切な成分です。人間や動物の発育に重要な役割をになう必須ミネラルです。このことが鉄やカルシウムほど知られていないのは残念なことです。しかし言いかえれば、活躍を誇示しない、控えめな影の立役者とも表現できます。銅は海の幸、山の幸、さまざまな食品に含まれます。バランスよく、好き嫌いせずに食べ物を食べることが、銅の恩恵を受ける最良の方法といえるでしょう。

緑青の真実

夕暮れ時になると、東京の新橋界隈は、いそいそと居酒屋に駆け込むサラリーマンでにぎわいます。駆けつけ一杯を日々の楽しみとしている人も多いはず。街角では乾杯の音頭や笑い声が響き、毎夜毎夜、新橋は活気づきます。酒は「百薬の長」とも「気違い水」ともいわれます。適量のアルコールは血液の循環をよくし、消化能力を高めます。また緊張をほぐしてストレスの解消にも役立ちます。おもに後者の理由から飲酒を常としている人も多いでしょう。しかし、飲みすぎると害をもたらすことは、多くの人が身にしみて知るところです。

最近では、食べ物の安全性に関心が集まり話題となっています。私たちが飲んだり食べたりするものが、安全なのか危険なのか、無害か有害なのかは、量が大きくかかわってきます。適当な塩分は料理に欠かせませんが、塩分のとりすぎは高血圧をはじめ生活習慣病につながります。糖分や脂質のとりすぎも、糖尿病をはじめとして健康にはよくありません。「腹八分目」といって過食を戒めているように、体に必要な食べ物も、過剰摂取は毒となる可能性があります。何事もさじ加減、量が決め手となるのです。

ところで、私たちの体を健康に保つために必要な銅の安全性はどうなのでしょうか。とかく人は白か黒かをはっきり決めたがります。「銅の錆である緑青は毒なのですか?」とたずねる人がいます。銅製のやかんで湯を沸かし、銅製のカップで水を飲み、ときには銅製の鍋のおでんを食べながら、一方で緑青は毒なのかと疑う。不思議な話です。銅の安全性、毒性を考えるとき、大切なのは量です。どれくらいの量を摂取したら過剰となるのか、過剰摂取とならないためには食物や水、環境中の濃度はどの程度以下であることが望ましいのか、それらをきちんと探ることです。

結論からいうと、銅は普通の生活をしているかぎり安全なものです。

緑青の動物実験をした厚生省(現 厚生労働省)では、毒物・劇物取締法の判定基準として、(1)毒物、(2)劇物、(3)普通物の分類中、「緑青は普通物」にあたると判断しました。緑青の毒性の程度は「現在チーズやバター、マーガリンに使用されている合成保存料（デヒドロ酢酸ナトリウム）と同等である」と報告しています。鍋ややかんに銅が使われていますが、緑青が出ても衛生上とくに問題はありません。ただし、きれいに手入れしてある銅食器などは気持ちを豊かにします。緑青が出たときには落として使いましょう。

それでは、誤って銅の塊を食べてしまったらどうなるのでしょうか。銅を多量に摂取した場合、銅が胃の粘膜を刺激して嘔吐作用を起こし、体外に出されます。そもそも硫酸銅は医療において「吐剤」として利用されているくらいのものです。そのため、万一多量の銅を口にしてしまっても、嘔吐作用によって体内に入ることはないのです。

これまでに銅の急性中毒が起こった例は、銅製の容器に長時間酸性の飲み物を入れ、それを飲んだときに一時的な腹痛、下痢、嘔吐などを生じたという報告を除けば、不注意による大量摂取など、きわめて特異なケースにかぎられています。

私たちの日常生活において、銅を多量に口に

東京・神田ニコライ堂の美しい緑青屋根

する機会があるでしょうか。たとえばお酒であれば、飲みすぎが悪いとわかっていてもついつい もう一杯進めてしまいます。おいしいおかずが出たら、ごはんのおかわりもしたくなります。甘いものもしょっぱいものも、日常において好きなものは量が増えがちです。しかし銅についていえば、好んで多量に摂取することはそうそうありません。万一、かなりの量を摂取してしまった場合でも、人間の体の耐性はかなり高く、また排泄も比較的速いため、安全と考えられます。普通のくらしをするなかで、むやみに銅を疑う必要はないのです。考えてみてください。私たちのまわりには、昔からお寺や神社など、緑青いっぱいの屋根があり、そのなかで営々と暮らしてきたのです。健康にはなんの影響もなく……。

賢者は歴史に学ぶ

街でオフィスで、禁煙スペースが拡大しています。世の喫煙者は日々肩身の狭い思いをしていることでしょう。寒空のなか震えながらベランダでタバコを吸う人をよく見かけます。肺がんのリスクが高まるなど、喫煙による害が盛んに叫ばれていますが、もしタバコを口にした瞬間にその害があらわれるとしたら、誰も吸ったりはしないでしょう。寒さを耐え忍びながらの一服姿は、街から消えるかもしれません。

フランス皇帝ナポレオン・ボナパルトは、ひ素により死亡したとする説があります。ワインにひ素が混入されたという説、ナポレオンの部屋に飾られた剥製《はくせい》に使用されたひ素が空気中に舞い、これを吸ったという説など、真相は定かではありませんが、微量でも長期間摂取し続けることによってさまざまな病気や障害をひき起こす場合があります。

ある物質を長期に摂取した場合の慢性影響について考えてみる必要があります。ここでは、長期にわたって銅をとり続けた場合の安全性について考えてみたいと思います。

銅を配合した餌でマウスを一生涯飼育するという実験が行われました。長期の銅投与による慢性影響を見るためです。使用された銅は硫酸銅と塩基性炭酸銅の二種類で、濃度は四〇〇ppmと一〇〇〇ppmの二段階です。マウスの数は四〇〇匹で、寿命は約二年半です。この間の成長ぐあいや生殖への影響、臓器への銅の蓄積などが調べられました。スピードが重要視される今日において、動物実験も短期のものが増えていますが、このようにマウスの寿命いっぱい行う長期実験はめずらしいものです。

結果を簡単に記しますと、成長率、生存率、妊娠・出産などへの障害はなく、銅添加の影響はまったく観察されませんでした。ただ一〇〇〇ppm群では、肝臓への銅の蓄積が見られ、軽い肝臓の線維化が認められました。四〇〇ppm群では銅の蓄積は見られず、このくらいの濃度では、吸収や排泄の段階における調節機能がはたらき、体内の銅レベルを一定に保つ作用が十分にはたらいていると考えられます。四〇〇ppmという濃度は、食品の中でも銅を多く含むレバーやナッツなどの、なんと五〇～一〇〇倍の銅含有量です。一〇〇〇ppmともなれば、日常では考えられないような高濃度となります。

一方、動物ではなく、人間においての慢性影響はあるのでしょうか。これまでに、口から入った銅によって慢性中毒を起こしたという明らかな事例は知られていません。ラットや豚などの例から考えて、通常の摂取量（二～五ミリグラム／日）の一〇倍程度の銅をとっても健康への影響はほとんどないだろうと考えられています。

通常、ある化学物質の影響をまっ先に受けるのは、職業としてその物質を扱う人々です。一般の人々よりその物質にさらされる機会がずっと多いからです。銅工場において長期間、銅の粉じんなどを比較的多量にあびる人々に対して、各種の調査が行われました。その結果、血液や肝臓の銅濃度は正常で、障害を示す検査結果は何ひとつなく、長期間にわたり接触する人々に、銅による疾患は見られませんでした。

銅と人間の長いつきあいの証――銅鐸

人間と銅とのつきあいは非常に長く、銅は人類がもっとも古くから利用してきた金属です。採掘や冶《や》金《きん》が比較的たやすく、加工も容易であったためでしょう。はるか昔、有史以前から、装飾品や生活用品などさまざまな用途で使用されてきました。それによって古代から豊かな文化が花開いてきたことは多くの人に知られています。諸外国ではもちろんのこと、日本でも仏教の伝来とともに銅器物の加工技術が確立し、生活の中にも銅製品が数多く利用されてきました。銅は人類に発見されてから今日まで、文化やくらしを支え続けているのです。このような幾世紀にもわたる人間と銅との接触は、いわば安全か危険か、有害か無害か、銅の安全性をテストするもっとも自然で確実な方法といえるでしょう。このとんでもなく長い人間と銅との歴史において、私たちは銅からなんらの障害も受けていないのです。それよりはむしろ、銅は私たちの生命や健康維持に不可欠なミネラルとして、体内で重要なはたらきをしてくれています。さらに、私たちの生活や文化を豊かに彩ってくれています。それなのに、いまだに緑青は毒だと信じ込んでいる人がいます。なんの根拠もなくです。「賢者は歴史に学び、愚者は経験に学ぶ」という言葉があります。そろそろ長い歴史に目を向けてみてもいいかもしれません。

コラム

二天自作の銅細工、武蔵の剣

二天、またの名を宮本武蔵……。

生涯負け知らずの剣聖であった武蔵は、晩年「二天」という名で書画や工芸品を創作し、すぐれた芸術家としても知られています。

武蔵の作品が展示される岡山県大原町の「武蔵資料館」。なかでもひときわ目を引くのは、武蔵が自作した銅製の鍔（つば）です。その名も「瓢箪鯰鐔（ひょうたんなまずつば）」。自然銅に近い粗銅を用い、ひょうたんになまずが絡み合う図柄が表裏ともに彫り出されています。なまずの口の周辺には毛彫りが施され、小さな目がなんとも愛らしい印象です。

小さな鍔を前にして浮かんでくるのは、粗銅を前に一心に彫刻を施す武蔵の姿。天下無双の剣豪の類まれなる才能は、多くの人の心を引きつけてやみません。

武蔵自作の瓢箪鯰のつば

ミラクルパワーの源はなに？

ニュースでは毎日のように傷害事件や殺人事件が報道されています。そこでは容疑者の名前、性別、簡単な住所に加えて、職業が語られます。職業は、たとえば血液型や出身地、星座、趣味に至るさまざまなものをさしおいて、その人のアイデンティティをあらわすものとなるのですね。そういえば初対面の人に対して、名前の次は職業を聞いているような気がします。偶然のめぐりあわせでその職についた人も多いはず。それが知らないうちにわが身を語る顔となっているのがまったくもって不思議です。それもそのはず、たいていの人は、目覚めている時間のうちの多くをその職業のために費やしています。通勤時間が長い人などは、もっとも長い時間とエネルギーを捧げているはず。生活パターンやスタイルが仕事を中心にまわるなかで、なんらかの影響を人に及ぼしていることでしょう。

職業が人に与える影響はとても大きい場合が多く、たとえば茶の産地である静岡県ではがん死亡率が低いことから、緑茶のカテキンの効果に関心が集まったり、りんごの産地である青森県津軽地方が他の東北地域にくらべ血圧が低く脳卒中の死亡率が低いことから、りんごのカリウムのはたらきに注目が集まったりしています。職業として、ある特定のものに携わる人はそれに接する機会も多いので、影響を受けていると考えるのが自然だからです。

それでは、銅を扱う職業の人はいったいどんな影響を受けるのでしょうか。銅の鉱山、製錬所、加工工場で長年はたらく人々は、銅の微粒子を吸い込むことがあります。このような摂取でなにかしらの悪い影響、またはよい影響が出てくるのでしょうか。

以前、銅を扱う工場ではたらく人の健康調査が行われました。長期にわたって銅の粉塵などを比較的多量にあびる人々を選び、肝臓の機能や血清中の銅たんぱく量、貧血の有無などが調べられました。その結果、検査値は仕事の内容にかかわらず正常なものでした。なかには二〇年以上におよぶ勤続年数の人もいましたが、すべて正常値で、一般の人と変わりはありませんでした。また、海外の銅鉱山、製錬所においても同じような調査が行われました。作業者は硫化銅や酸化銅のダストに長年さらされていましたが、この調査でも肝臓や血清の銅濃度は正常で、健康障害は見られませんでした。

例外として、金属熱と呼ばれる症状があります。これは銅にかぎらず亜鉛、鉄、マンガンなど、原因となる金属はいろいろあります。これらの金属蒸気の酸化物を吸うと、一時的に、発熱や悪寒、脱力感など、インフルエンザのような症状が出ることがあります。西洋では亜鉛熱、真鍮《しんちゅう》作業者熱などとも呼ばれています。症状は一過性のもので、慢性化も後遺症もありません。職場環境の改善により、現在では見られなくなったようです。

ただ一つ健康への影響を疑うものとして、フランス、イタリア、ポルトガルのぶどう園では、ぶどうの樹のうどん粉病を防ぐために、石灰で中和した一〜二％の硫酸銅溶液（ボルドー液）が散布されており、長年この作業を行った人の肺には銅沈着があり、多少の線維化が見られたという報告があります。ただし日本では、このような例は

コラム

歌舞伎に銅のかつらあり

竹の子族や六本木ヒルズ族、セレブ族……。いつの時代にも特別な個性をもったスタイリッシュな人たちがいるものですが、数百年以上も前の日本では、そうした最先端の人たちを「かぶき者」と呼びました。あの織田信長もその一人だったとか。

これが「歌舞伎」の語源です。庶民の楽しみだった歌舞伎ですが、意外にも銅が深くかかわっているのをご存知でしたか？

じつは、歌舞伎役者のかつらのベースには銅板が使用されているのです。役者の頭の形や役柄ごとの形に合わせて、銅板を延ばしたり、形を整えたり……。加工しやすい銅だからこそ、一人ひとりの役者にぴったりのかつらをつくることができるのです。

ちなみに銅板が張られた歌舞伎のかつら、銅の抗菌作用のおかげで、長時間つけても汗による不快なにおいがおさえられるのだそうです。

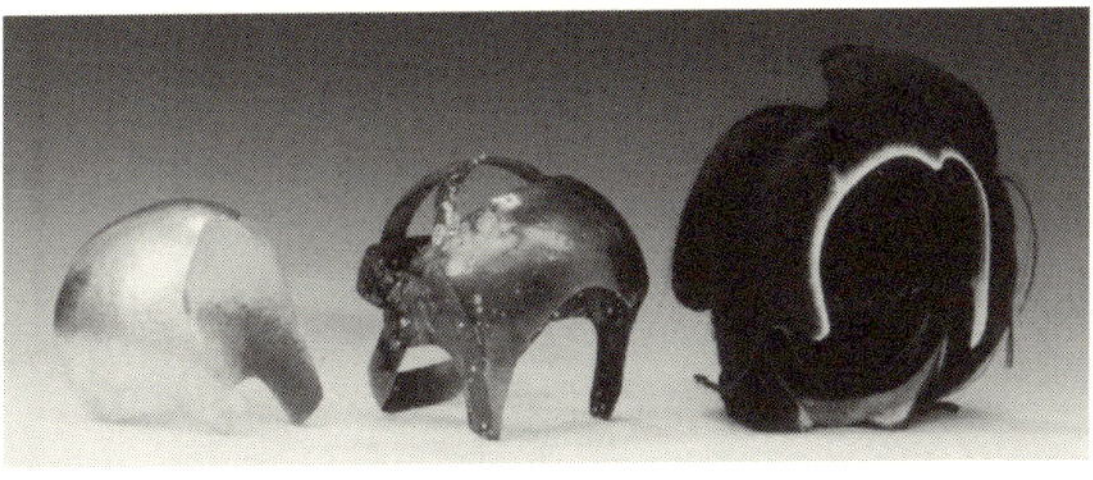

歌舞伎で使われるかつら

知られていません。一般的にボルドー液は他の合成農薬にくらべはるかに安全なものと考えられています。

それでは逆に、銅との接触によって、体によい影響が出たりはしていないのでしょうか。フィンランドの銅鉱山で調べられたことですが、そこではたらく人々には関節炎が非常に少なく、またけがをしても化膿しにくかったといいます。いまの知識から考えると、この例は銅の抗炎症作用という利点を認めた一つの例といえます。

また国内において、銅関係者がよく口にすることに、「銅工場ではたらく人に水虫の人がいない」という話があります。銅の抗菌効果は別項目で詳しく紹介しますが、最近では、銅がもつ抗菌効果を利用した水虫対策グッズや抗菌靴下なども発売され、人気を呼んでいます。このようなよい効果を現場で実感している人も少なからずいることでしょう。日本有数の銅加工業の街、新潟県燕市のメーカーの方は誇らしげに銅の特性を語ってくれました。いきいきと話す姿には、銅への愛着や、銅を扱う職業に対する誇りが感じられました。もっとも身近で、日々接する人々のいう言葉は、百の試験よりも説得力があります。彼のような人こそ、胸を張って銅を扱う職業を自らのアイデンティティとしている人なのでしょう。

長寿村を調べてみると……

突然ですが、あなたのウエストサイズは何センチですか?

女性には大変失礼な質問ですね。最近「メタボリックシンドローム」という言葉をたびたび耳にします。ドキッとしている方も多いのではないでしょうか。メタボリックシンドロームとは、心臓病や脳卒中などの動脈硬化性疾患をひき起こすリスクが高くなっている体の状態のことをいいます。これに大きくかかわるのが内臓脂肪です。内臓のまわりに脂肪が蓄積した肥満が、さまざまな生活習慣病をひき起こし、動脈硬化になりやすいことがわかってきました。おなかがポッコリ出てウエストまわりが気になり始めたら要注意。簡単に調べる方法としてウエストサイズが男性では八五センチメートル以上、女性では九〇センチメートル以上あれば、内臓脂肪の蓄積が疑わしくなります。

日本人の三大死因はがん、心臓病、脳卒中ですが、心臓病と脳卒中につながるのが動脈硬化です。動脈硬化とは、動脈の壁が厚くなったり硬くなったりして、はたらきが悪くなることです。

洋画を見ていて気づくのですが、登場人物が突然ぐっと胸をおさえて心臓発作になる場面をよく目にします。欧米では以前から心臓病が死因のトップとなっています。欧米にくらべ日本は心臓病が比較的少ないとされていましたが、それが近年では、心臓病の患者が増加しています。理由の一つにライフスタイルの欧米化があげられています。高カロリーや高コレステロールの食事が多くなるにしたがって肥満が増え、動脈硬化につながっていると考えられています。

ずいぶん前になりますが、「銅が動脈硬化を防ぐ」というニュースが新聞に載りました。記事では、島根医科大学とイギリス・ケンブリッジ大学が、長寿で知られる島根県の隠岐《おき》の島町の人々を調査したところ、隠岐の人々の白血球中の銅の量は、ケンブリッジ市民にくらべて二倍あり、一般の動脈硬化疾患者にくらべて六倍もあることがわかりました。隠岐の島町では心筋梗塞の発生が非常に少なく、ケンブリッジ市では死因のトップでした。動脈硬化を起こす因子の一つとされる血液中のコレステロール値は、隠岐もケンブリッジも同等でした。海に囲まれた隠岐は、新鮮な海の幸、たこ、わかめ、海苔など、銅を含む多くの海産物に恵まれたところです。両大学は「魚介類に恵まれた隠岐の人々の食事を科学的に分析すれば、理想的な長寿食をつくることができる」とコメントしています。記事では最後に、動物の心筋梗塞が銅で予防されることが知られていることから、銅は血管の若さを保つはたらきがあるのではないかと結論づけていました。

じつは、新聞で報道された銅の効果は、かなり前からいわれていた有力な仮説です。生活習慣病としての心臓病（狭心症、心筋梗塞）と銅摂取量の関係は、以前からアメリカのクレービーという学者が指摘していました。

銅が不足するとさまざまな症状が出ます。心臓に関するものをあげると、動物実験ですが、銅不足により動脈硬化がうながされ、心筋を変化させ、心電図の異常をもたらすことがわかっています。有害な過酸化物を除く力も減退します。こうした症状と、人間の心筋梗塞の病態がぴったり一致していることから、銅不足のためではないかと考えられました。

近年盛んに叫ばれているメタボリックシンドローム。この概念は、動脈硬化による病気をいかに予防するかという考えから生まれたものです。二〇〇四年の厚生労働省の調査によると、メタボリックシンドロームに該当する人は四〇～七四歳で約九四〇万人。予備軍は約一〇二〇万人と推定しています。メタボリックシンドロームにならないためには、まずは運動が重要です。厄介な内臓脂肪は、いざというときに溜めておく皮下脂肪にくらべて、日々の運動により、容易に落としていくことが可能です。

そして、運動だけでなく大切なのがバランスのとれた食事です。

銅は人間の健康のために必要な栄養素です。このことを知っている人はどれくらいいるのでしょうか。現代的な食生活は、ますます銅の摂取量を少なくしてしまう傾向にあります。一日二〜五ミリグラムが必要量ですが、それは海の幸が解決してくれます。

海の幸は健康に役立つたくさんの銅を含みます。幸運なことに、豊かな海に囲まれた日本には、銅を多く含む新鮮な魚介類がたくさんあります。牡蠣《かき》、たこ、いか、伊勢海老……。おいしい海の幸に舌つづみをうつことも、健康な毎日のためには必要なことかもしれません。

アルツハイマー病にひとすじの光

街でばったり高校の同級生に出会いました。相手は親しげに話しかけてきます。しかし、そそくさと話を切りあげ、その場を逃げるように退散しました。

名前が思い出せなかったのです。適当な名前を言ってはずれたらと思うと気持ちがあせります。話の発端からこちらの名前を出してきた相手の、その勝ち誇った顔がうらめしくも感じます。なんとかひねり出そうとしましたが一文字も浮かばず、こんなとき「どなたでしたっけ?」と正直に聞けたらどんなに楽なことか。こんな経験はありませんか。しかし名前だけでなく、物忘れがたび重なると、ゆくゆくはアルツハイマー病になるのではないかと本気で心配になったりします。

現在、日本には六〇万人のアルツハイマー病患者がいると推定されています。八〇歳以上では五人に一人が発症するといわれる身近な病気です。最近では四〇歳代くらいから発症する若年性アルツハイマー病も話題となっています。ただし、若年性アルツハイマー病は誰もがかかる可能性のある病気ではなく、ほとんどが遺伝によるものといわれています。

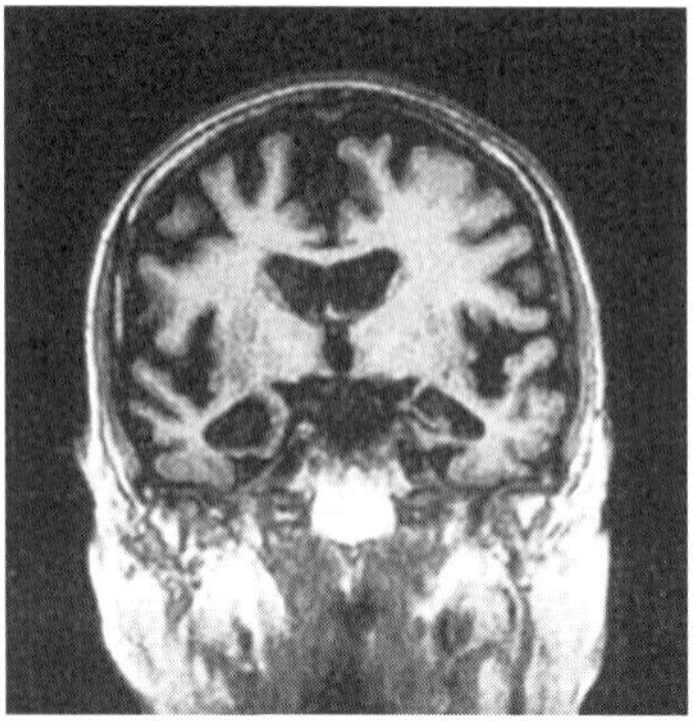
アルツハイマー病の人の脳、黒い空洞部分が増えています

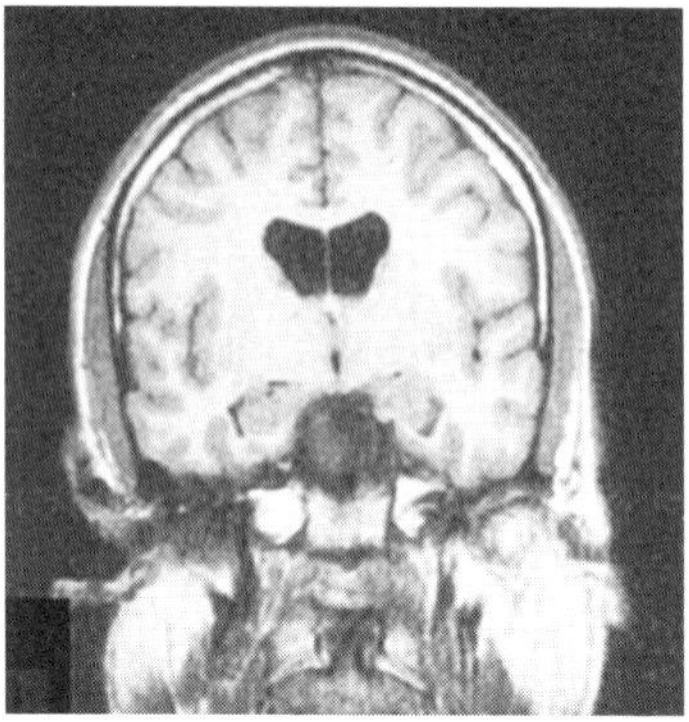
健康な人の脳、白く見えるのが脳部分

アルツハイマー病は、正常な状態ならすぐに分解されるたんぱく質が脳に沈着して固まり、神経細胞をおかすと考えられています。残念ながらアルツハイマー病の根本的な治療法は見つかっておらず、高齢化が進むとともに治療法の確立が強く望まれています。

二〇〇一年四月に、「アルツハイマーの病変たんぱく質、銅イオン投与で抑制」という記事が日本経済新聞に載りました。甲南大学の杉本直己教授は、アルツハイマー病の際に脳内に沈着するたんぱく質に銅イオンを混入させると、銅とたんぱく質のアミノ酸の一部が結合し、たんぱく質の増加を抑制することを実験により確認しました。治療法として人間の体に銅を投入することはむずかしいのですが、この原理を応用した医療品をつくるのに役立つのではと話題になりました。

銅と脳？ なかなか結びつけることができませんが、どういう発想で銅イオンに着目したのでしょう

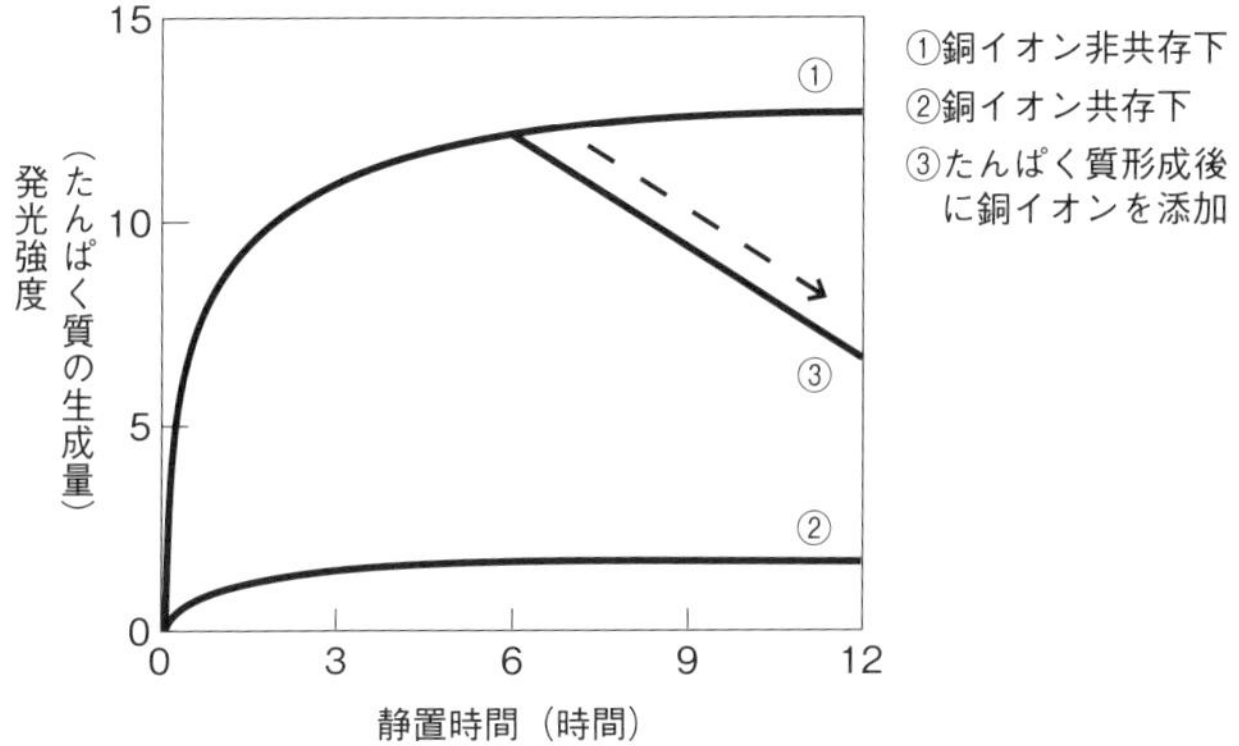

たんぱく質生成量と銅イオンの関係

か。杉本教授はこの実験についてこうコメントしています。

「もともとＤＮＡやＲＮＡに金属イオンがどのような影響を与えるかを考察する一環で、たんぱく質の構造変化も見てみようと今回の実験は始まりました。そこで、たんぱく質に反応する蛍光体の発光強度を調べる方法で確かめました。すると、銅イオンのない場合にはたんぱく質の沈殿が起こって線維状のものが出ます。これにくらべ、銅イオンが最初からあった場合には、これがほとんど生まれていない。それで銅イオンがアルツハイマー病のたんぱく質を回復というか、構造を逆向きに戻すことが可能だということを見つけ出しました」

さらに実験の結果、たんぱく質の沈着が進み、生成量が増えたあと、銅イオンを投入すると、発光強度が大幅に下がることも確認されました。杉本教授は「さまざまな金属イオンで実験してみましたが、銅がもっとも効果が高かった」といいます。

この研究はまだまだ始まったばかりです。アルツハイマー病のたんぱく質の沈殿を抑制できたのはあくまでも試験管の中でのこと。実際に生体内に適用したときに効果を上げられるかはまだ未知数です。しかし、銅イオンのたんぱく質への抑制効果は、アルツハイマー病だけでなく、ＢＳＥ、クロイツフェルト・ヤコブ病などのプリオン病にもうまくはたらくことが確認されています。

銅イオンがこのようなたんぱく質の構造変化に影響することがわかったので、これからの展開では大きな役割を果たすことになるかもしれません。なにかと私たちの体と密接な関係のある銅のことです。このようなよい影響を与える力を秘めているのかもしれません。医療の分野で、今後、銅がどのように活躍していくのか楽しみです。

現在、アルツハイマー病の研究は活発に進められています。そして病気の進行を遅らせたり予防したりする方法は現実のものになりつつあります。このような研究が進んだ結果、将来、アルツハイマー病の治療法が確立される日がくるかもしれません。そうなれば、もう物忘れに不安を抱く必要はありません。

少子化時代、大事な赤ちゃんを丈夫に育てる

約束の時間に間に合わないとあわてて駅に向かう道すがら、悪魔のように襲ってきたのが「鍵をかけただろうか」という不安です。外出までの行動を思い返しても、鍵をかけたかどうかはっきりしません。一度疑い出すと不安はどんどん膨らみます。やがて歩調は勢いを失い、最後にはきびすを返し、ひたすら走り戻って確認。案の定、鍵はかかっていました。こんな経験はないでしょうか。

銅は私たちの生命や健康維持に不可欠なミネラルです。このようなことを説明しても、緑青は毒、銅は有害という疑いをもつ人がいまだにいるのはなぜでしょうか。確かな根拠がなくとも、ひとたび疑い出すと人はなかなかそれを払拭《ふっしょく》することができなくなるのかもしれません。そんな人もこの粉ミルクの話を聞けば、銅が私たちの体に必要なものだということを疑いなく理解いただけるでしょう。

誰しも、生まれたばかりの赤ちゃんには、なによりも安全、安心で、栄養価にすぐれたものを与えたいと考えます。母乳の代わりとなる粉ミルクはその最たるものでしょう。

粉ミルクは、戦後急速に普及するとともに、品質の向上が図られました。いかに母乳に近づけるか、消化性の向上、乳脂肪の植物油脂への一部置き換えなどが行われました。このような取組みは、メーカーだけで進められるものではなく、小児科学会などの指摘を受けて、種々の改良・改善が行われることが多いといわれています。

一九七六年に出されたＷＨＯ（世界保健機関）による人工乳の必須金属含有量についての勧告によると、銅の含有量は一〇〇ミリリットル中四〇マイクログラム。これに対し日本製の粉ミルクは、一〇〇ミリリットル中三・一～

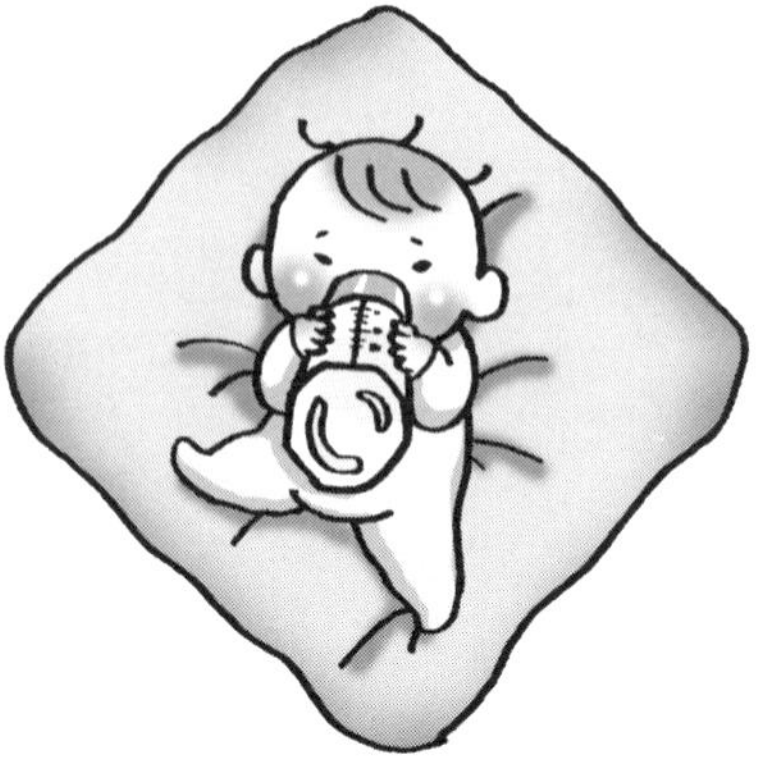

七・二マイクログラムしか入っていませんでした。

もともと人間の母乳には、出産後一か月くらいまでは一〇〇ミリリットル中四五マイクログラム程度含まれています。欧米各国では、ＷＨＯと同水準の銅が粉ミルクに含有されています。それがなぜ日本だけ極端に少なかったのでしょうか。

理由は製造上の問題からきていました。粉ミルクは牛乳を乾燥させてつくられますが、牛乳中のたんぱく質やナトリウムなどは母乳にくらべはるかに多いため、たんぱく質を減らしたりナトリウムを脱塩したりする工程があります。この工程中に牛乳に含まれている銅が減少してしまうのです。もちろん製造工程中に銅が減少するのは欧米でも同じことですが、欧米では乳児栄養のために銅を添加することで必要量を確保していました。ところが、日本では銅が食品添加物として認められていなかったため、銅の添加ができなかったのです。

その後、小児科学会や新生児学会で毎年のように銅欠乏症例が報告されるようになり、この問題がクローズアップされるようになりました。銅欠乏症は、貧血、発育不良、下痢、低体温、皮膚や毛髪の色素減少、骨病変などが特徴的な症例としてあげられています。

当時、小児科学会で症例を報告した徳島大学医学部では「いまのところ欠乏症の症例報告は未熟児を中心としたごく一部の乳児にかぎられているが、普通の子に欠乏症があらわれないかといって安心はできない。長い間下痢をしたり、かぜをひいたり、食欲不振が重なれば欠乏症を起こす可能性があるし、症状には出なくとも潜在性の欠乏を起こす可能性もある」と警告を発しました。

こうした問題提起を受けて学会は、厚生省(現 厚生労働省)に対し、銅および亜鉛の添加を認めるよう要請を出しました。そして、厚生省は食品衛生調査会に諮《はか》り、同調査会の「問題なし」との結論を受けて、一九八三年、認可に踏み切りました。

その翌年、銅、亜鉛が添加された粉ミルクが市場に登場することとなりました。現在では、粉ミルクの銅添加量は一〇〇グラム中三二〇マイ

母乳中の平均銅含有量
(μg/100m*l*)

初乳	45
出産後１週	45
〃　１か月	44
〃　３か月	29
〃　５か月	22

クログラムで、これを一四％（標準調乳濃度）の調乳液にすると四五マイクログラム／一〇〇ミリリットルになります。非常にわずかな銅の量ですが、これによって、かわいい赤ちゃんがすくすくと育つことに役立つのです。

新生児の銅必要量は大人の二～三倍高く、発育の盛んな時期により多くの銅を必要とすることがわかっています。そのため、妊娠した母親の血液中の銅量は二倍以上になります。頭で理解したり、疑ったりする前に、私たちの体はよく知っているのです、銅の必要性を、その大なる効果を。

光合成は生命維持の原点

平日の午後、東京の日比谷公園には、束の間の休息をとるためというか、さぼるためというか、会社にいたくないのか、仕事がないのか、暇なのか、ともかくいろいろな理由でサラリーマンが多く訪れます。都会のスモッグに慣らされたせいか、ちょっとした林に入っただけでもなんだか空気がおいしいと感じます。実際のところ、かたわらを走る日比谷通りや晴海通りを大量の自動車が往来するため、どれほどきれいな空気が流れているのかはなはだ疑問ですが。それでも日比谷公園や皇居一帯の緑は、東京のオアシスとしてスモッグにあふれた砂漠に潤いを与えています。

そもそも私たちが酸素を吸って生きていけるのは、植物が光合成により酸素を吐き出してくれているからと、理科の時間に習いました。その基本的で大切な植物の光合成を、銅が支えているのをご存知でしょうか。

銅は人間の生命に必要なミネラルですが、人間だけでなく、植物、動物においても不可欠なものです。銅は植物や動物の組織において、多くはたんぱく質と結びついていたり、あるいは

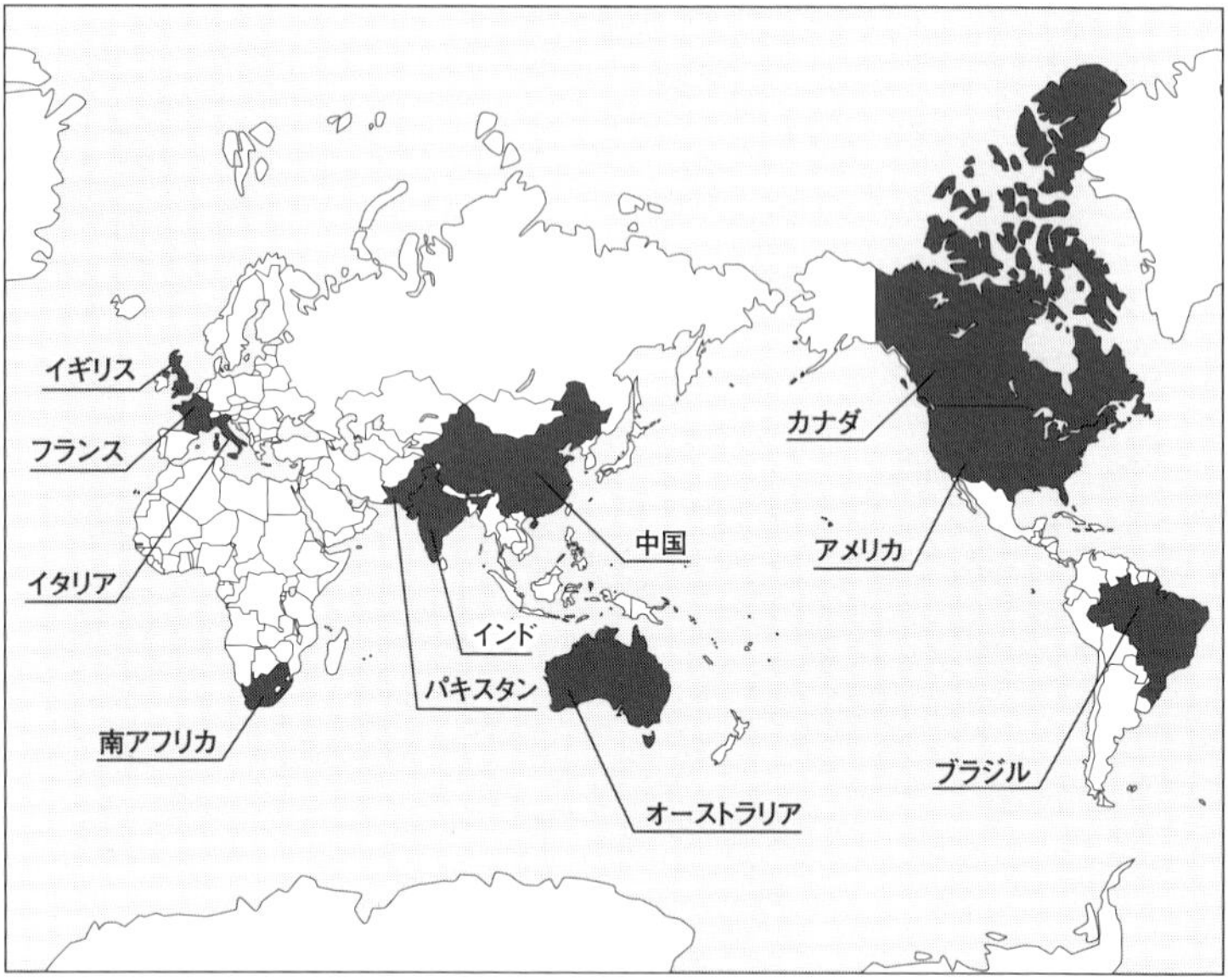

銅欠乏土壌の多い国

酵素の主要な部分を占めるなどしています。酵素とは、植物や動物が必要な機能を発揮する際に必要となるものです。たとえば植物において、銅はプラストシアニンと呼ばれる酵素の成分です。この酵素は光合成にかかわる重要な役割を果たしています。ご存知のとおり、光合成は植物の生命にとって非常に大切な機能です。

植物は、必要な銅を土からとっています。土壌や植物の種類によって変わりますが、植物が土から必要量の銅を摂取するためには、乾燥土壌中の濃度として七ppm程度の銅が含まれている必要があるといわれています。これよりも低い場合、一般的に銅欠乏症を起こします。とくに小麦などの穀類や、りんご、桃などの果実類などは、銅の欠乏に敏感です。

世界において、どの土地でも銅の量が足りているとはかぎりません。国際銅研究協会（現国際銅協会）が一九八四年に公表した調査結果によると、世界の多くの地域で銅が欠乏していました。世界の一四か国（ヨーロッパを除く）のうち、約三億四七〇〇万ヘクタールは潜在的に銅欠乏の土壌であると推定し、このうち約七〇％はアメリカとオーストラリアが占めていると報告しています。

植物に銅が足りていない状態だということを見つけるのは至難の技です。なぜなら亜鉛が少なかったり、モリブデンが多かったり、その他の微量栄養素の不足、過剰によっても同じような症状が出るからです。一般的には、銅が不足すると生長が悪くなったり、葉が縮れて黄色や白色になったり、根が発育不良となったり、種子が発芽しなかったり、病気や寄生虫に対する抵抗が弱くなったり、穀類の収穫量が低下するなどの症状が見られます。

銅が不足している土地では対策として、土壌に銅を添加するという方法があります。イギリスのロンドン大学において行われた研究では、銅を多く含む肥料を畑に与えたところ、大麦の収穫高が二八・五％増加したことを明らかにしています。この研究から、ごく微量の銅の存在が穀粒の収穫に大きな影響を与えることがわかりました。

植物だけでなく、動物にとっても銅は不可欠なものです。動物には人間も含みますが、その成長および健康のためには微量の銅が必要となります。銅が不足すると、牛、羊、豚、犬、ね

銅の平均必要量（単位：mg/日）

●人間	2〜5		
●成熟した動物			
牛	50〜70	羊	5〜10
馬	50〜69	豚	10〜20

ずみ、うさぎ、にわとりなどの多くの動物で骨格組織に異常が見られます。また、組織の発育不良から大動脈の破裂、心不全などが生じます。さらには、貧血症や生殖不能症、成長の鈍化、色素形成の不足、下痢、種々の神経病などの病気にかかったりもします。乳牛は乳の出が悪くなったり、羊は低品位の剛毛となるなど、家畜にとっては大きな問題となります。

植物の場合と同じように、銅の欠乏症は銅含有の飼料の使用によって克服できます。銅を家畜の飼料に添加することは、ずいぶん前から農家で行われてきたことです。

アメリカの農務省は「家畜に与える牧草中の銅濃度は六ppm以上あれば必要量を満たすことが確認されているが、このことは最大の効果を上げるための必要量をあらわしてはいない。動物の健康および成長のために実際に必要な銅量はこれよりもはるかに高い」とコメントしています。

アメリカ・フロリダ大学の研究においては、一〇ppm銅を含有した飼料で養育された豚にくらべて、二五〇ppm銅を含有した飼料で育てられた豚は、二二・一％も早く成長したと報告しています。この研究において、加える銅の種類は、硫酸銅、酸化銅、炭酸銅、塩化銅、銅メチオニンすべてが有効であることが証明されました。

地球上から銅が一切なくなるといったいどうなるのでしょうか。人間も、牛も羊も、犬も猫も、鳥も魚も虫も、木も草も、動植物が生きていくことができなくなります。せっかく水と緑に恵まれた地球も、無機質なゴーストタウンとなってしまうのでしょうか。そう考えると、晴れた日に公園でくつろぐサラリーマンは、とても幸福な姿に映ります。なにかの欠乏などとは無縁の、満ちたりた寝顔を見せているからです。

銅と衛生・抗菌

ヒントは十円玉にあり

「ありがとうございました。二三〇円のおつりです。はいはい、ただいまうかがいます！」

昼休み、定食屋はいつもどおりの大いそがし。お店のおばさんは慣れたもので、次から次へと仕事をこなしていきます。料理を運び、注文をとり、次はお勘定。でも、ちょっと待てよ。いろいろな人の手に渡るコインって汚いんじゃないか？　おばさんは、お勘定をした手でそのまま料理を運んでいるけれど、大丈夫かなあ。せめて指が入らないように気をつけてくれよ！

たくさんの人の手から手に渡る十円玉の表面には雑菌がウヨウヨ……。あなたはこんなふうに考えたことはありませんか。しかし、そんな心配はまったく無用。硬貨の細菌を調べる試験で、使いまわされている銅のコインはまったくの無菌状態であることがわかっています。銅にはさまざまな細菌や微生物のはたらきを抑える力があるのです。

年配の方であれば「銅壷《どうこ》の水は腐らない」「銅の洗面器は眼病によい」などの話を聞いたことがあるのではないでしょうか。銅の抗菌効果は、じつはかなり古くから知られており、私たちのくらしに自然と生かされてきました。たとえば、障子やふすまの取手、ドアノブ、手すりなど、多くの人が手を触れる部分には銅や真鍮が多く使われています。

では、なぜ銅には細菌のはたらきを抑える力があるのでしょう。その答えは、「微量金属作用」という金属の不思議な力。なんだかむずかしそうですが、これからいろいろな銅の抗菌効果をご紹介する前に、ちょっと勉強しておきましょう。

一八九三年、スイスの植物学者フォン・ネーゲリーは、当時では分析できないほどのわずかな量の銅イオンが水に混ざるだけで、アオミドロという藻の一種を死滅させることを発見しました。また、銀、水銀などほかの金属のイオンが混ざった水でも、同じような効果があることがわかりました。

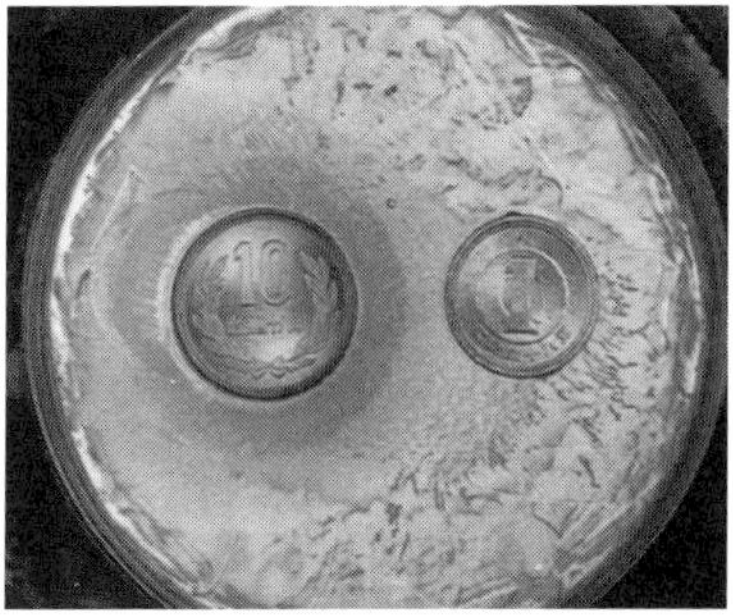

シャーレに入れた寒天の表面にチフス菌を散らし、その上に10円、1円玉をおき、24時間培養します。すると10円銅貨の下のチフス菌は死んでいますが、1円アルミ貨の下の菌は繁殖しています

このように、ごく低い濃度の金属イオンが溶け出した液体の中で微生物や藻類などが死滅するはたらきは、当時の呼び方でオリゴディナミーといいました。いまでは一般的に「微量金属作用」と呼ばれています。

銅が細菌のはたらきを抑えたり、汚れや藻の繁殖を防ぐのは、この微量金属作用がはたらいているからだといわれています。詳しいメカニズムはわかっていませんが、人や動物が中毒症状を起こすのと同

さまざまな銅製抗菌グッズ

じで、細菌や微生物の中に許容量を超えて溜まった銅イオンが、さまざまな酵素のはたらきを邪魔するようです。

この微量金属作用は、銅以外の金属にもあります。効果は銀、白金、金、銅、鉛の順に大きく、昔から人々の生活の中に取り入れられていました。一九三〇年代の環境衛生学の教科書を見ると、水道水の殺菌やプールの水質を保つ方法として、微量金属作用が解説されています。また当時の中国の上流家庭では、銀をコーティングした素焼きのビーズを飲み水のポットに入れて使っていたそうです。いまでこそ抗菌グッズは山ほど販売されていますが、こんな品物なら現代でもヒットしそうですね。

では、銅の微量金属作用を応用した現代の例をご紹介しましょう。たとえば、有名な農薬にボルドー液があります。これは石灰を混ぜた薄い硫酸銅溶液で、ぶどうの病気対策としてまかれています。そのほかにも、湖の汚れを改善するため、家庭の台所で使う三角コーナーや流しバスケットを銅製のものにし、家庭排水をきれいにしようという活動が行われたこともあります。

身近なところでは、切り花を長持ちさせるため、花瓶の水の中に十円玉を入れるという知恵が有名です。これは、水に溶け出た銅イオンがかびや細菌の繁殖を抑えるため、花が長もちするといわれています。そのほかにも、お風呂のお湯のぬめりを防いで衛生的に保つ銅製バスグッズ、銅の微粒子をコーティングした台所用スポンジなど、便利な銅の抗菌グッズがたくさん販売されています。

このように銅の抗菌効果は、身近なくらしの中で大変役立つものだということがわかります。微量金属作用などというと、ちょっと堅苦しいイメージがあるかもしれませんが、むずかしく考える必要はありません。健康で、衛生的な生活を送るためのくらしの知恵として、身近なところから銅の効果を取り入れてみてはいかがでしょうか。

まずは花瓶に十円玉を一枚。とくにピカピカ光るきれいな十円玉のほうが効果が高いそうです。

「緑青は猛毒」って誰に聞いたの？

青みがかった鮮やかなグリーン。この色からイメージするのはどんな印象でしょうか？　深い海の色、やわらかな苔の色、神秘的な翡翠《ひすい》の玉……。なかには、古びたお寺の屋根をイメージする人がいるかもしれません。

歴史あるお寺の屋根が美しい緑色をしているのは、銅屋根の表面が長い時間をかけて変化し、銅の錆の一種である緑青におおわれているからです。緑青は見た目の美しさだけでなく、銅の表面で固く結びつき、屋根を腐食から守る役割をしています。また古くから、天然の緑色顔料として大変貴重に扱われてきたものでもあります。このように古くからくらしの中で活躍していたにもかかわらず、緑青は昭和の時代まで有毒な厄介者として扱われていたのです。

ひと昔前の昼下がり、こんな風景にぶつかりました。老舗のそば屋の前を通りかかると、ねじりはちまきのお兄さんが、ブツブツつぶやきながら格子窓を磨いていています。

「大将ったらなんでこんな小さな錆を気にするんだろう！　なかなか落ちないのに！」

よく見ると、銅製の窓枠についた緑青を磨き落としています。緑青が毒だといわれていた時代、飲食店ではとくに毛嫌いされたようです。

では、そもそも緑青が毒であるという考え方はどこから生まれたのでしょうか。はっきりしませんが、主な原因は学校の教科書にあったようです。

戦後の小学校の教科書「五年生の理科／金属のさび」には「銅のさびの一種である緑青には毒性がある」と書かれています。また当時の百科事典にも、緑青は「有毒」と書かれており、ここで習った知識が長い間信じられてきたようです。

しかし、教科書には緑青がなぜ有毒であるかについては説明されておらず、緑青の毒性を証明するようなものはなにも書かれていません。一部では昔の銅は製錬が不十分で不純物がたくさん含まれていたからとも、緑青色のイメージが毒に結びついたともいわれていますが、いずれにしても確かな理由にはなりません。海外の文献を調べても緑青の毒性を訴えているものはなく、この誤解は日本だけの問題のようです。

ともあれ、根拠のない誤解は解かなければなりません。(社)日本銅センターは、東京大学医学部に依頼し、緑青に関する動物実験を六年間にわたって行いました。その結果、緑青は無害同様の物質であることが確認されました。この報告を受けた厚生省（現　厚生労働省）も、一九八一年から国の研究として動物実験に着手しました。そして、三年間にわたる研究の結果、緑青は「無害に等しい」との認定を出したのです。

一九八四年八月七日、ＮＨＫ「朝のニュースワイド」で、インパクトのあるニュースが放送されました。

「緑青は無害……。学校では猛毒と習ったぞ？」

ニュースを見た人たちは、こんなふうに思ったかもしれません。その日のニュースの中で、緑青猛毒説は誤ったものであることが厚生省の見解として報道されたのです。

「緑青は猛毒」濡れ衣だった
厚生省の研究で分かる
毒性、比較的弱い
「教科書など修正を」

緑青
厚生省が初の無害認定
銅普及にはずみ
業界の長年の努力実

厚生省が公式見解
緑青、ほとんど毒性ない
正しい認識を普及へ

1984年8月7日付各紙の朝刊記事

全国紙の朝刊（朝日、毎日、読売）にも、このニュースが大々的にとりあげられました。毎日新聞は、第三面のトップに六段抜きの見出しをつけ「〝緑青は猛毒〟濡れ衣だった——厚生省の研究でわかる」、朝日新聞は「〝緑青は猛毒〟の常識破れる」と伝えました。こうして厚生省から公に認められたことで、緑青の安全性は全国に向けて発信されたのです。

このように、長い長い時間をかけ、ようやく緑青が無害であることは証明されました。もちろんその後の教科書からは、緑青が有毒であるという記述は削除されています。しかし、厚生省の発表から二〇年以上が経ったいままでも、緑青は恐ろしいものだという印象は完全にはなくなっていません。人々の根強い意識を変えるには、さらに長い時間がかかりそうです。

考えてみてください。銅製のやかんでお湯を沸かし、銅のカップでビールを飲み、時には銅製のおでん鍋からおでんを食べる。あなたの家の給水・給湯管は銅管かもしれません。お寺の屋根が毒物におおわれているというのも、常識的には考えられません。これだけ多くの銅に囲まれていながら、それが猛毒だというのは、まったくおかしな話なのです。

青い水の正体は……

雲ひとつない青空、青く澄みわたった湖、コバルトブルーに輝く海……。自然の中の青色は、多くの人の心を引き付けます。ですが、もしも水道から青色の水が出てきたらどうでしょう。

「お風呂の水が青くて気持ち悪いの。緑青がついた銅管から青い水が出ているのかしら」

給水管や給湯管に銅管を使った家庭から、こんな問合せがくることがあります。確かに水道から青い水が出てきたら不気味ですね。危険なものではないかと警戒する気持ちもわかります。でも、ご安心を。それは海の水が青く見えるのと同じ、光の反射によるものなのです。

子供のころ、空や海はなぜ青いのか考えたことはありませんか？　海の水を透明なコップに汲めば水自体は青色でなく、無色透明なことがわかります。では、なぜ海は青く見えるのでしょうか。

その答えには太陽の光が関係しています。白や透明に見える太陽の光は、実は「赤・橙・黄・緑・青・藍・紫」の七色の光が混ざり合っています。そのうち、赤や黄色などの光は海の中に吸収されて見えなくなってしまいます。しかし、青の光は海の水に吸収されずにいろいろな方向に散らばり、その光が目に入るため、海の水は青く見えるのです。

お風呂の水が青く見えるのもこれと同じ原理です。つまり、青い水の正体は、ほとんどが目の錯覚や思い込みだといえます。

実際に「青い水が出ている」という苦情があったお宅を訪ね、水道水を調べてみました。ガラスのコップに水を汲んで見ると、無色透明です。じつはこれは当然のことで、肉眼で水道水が青く見えるのは少なくとも一リットルあたり数十ミリグラム以上の銅が溶け込んでいる場合です。実際にはありえない数字です。

水道水は世界各国でそれぞれの基準が定められており、日本では銅イオンの濃度は一リットルあたり一・〇ミリグラム以下と決められています。しかし、ほとんどの水道水はその一〇〇分の一くらい、銅の給水管を使ってもせいぜい〇・一ミリグラムの銅を含む程度です。この水を一リットル飲むとすると、〇・一ミリグラムの銅を摂取することになりますが、これは食物から一日に摂取する銅の量の二〇分の一～五〇分の一ほどにすぎません。

微量の銅イオンが石鹸などの脂肪酸と反応して青くなります。清潔に保っていれば起こりません

また、浴槽やタイル、洗面器につく青色の汚れが、青い水が流れていると誤解される原因になることがあります。銅の給水、給湯管を使う家庭では、時々浴槽などが部分的に青くなることがあります。この汚れの正体は、水中に溶け出した銅イオンが石鹸や垢に含まれる脂肪酸などと反応して生じる銅石鹸です。このような汚れは水まわりを清潔にしていれば防ぐことができますが、もしもついてしまったら、早い段階で家庭用洗剤をつけたスポンジでこすれば落とすことができます。

蛇口下のタイルの目地や洗面器に青色の汚れがつくこともあります。使用頻度の少ない蛇口から少量の水滴が落ちる状態が長く続くと、水滴が自然に蒸発し、含まれているわずかな銅イオンが濃縮されて銅塩が生成されてしまうためです。蛇口の下が青くなっていれば、まるで常に青い水が出ているように感じてしまうのも無理はありません。このような思い込みと、もともと水が青色に見える性質から「青い水」といわれるようになってしまったのです。

配管材に銅管でなく鋼管が使われている場合、同じような条件では、タイルが茶色に染まることがあります。いわゆる赤錆です。日本ではどういうわけか、赤錆には関心がないのに、銅の青色にはアレルギー反応をもつ人が多いようです。やはり緑青が毒だというイメージが残っているのでしょう。

ちなみに、アメリカやヨーロッパはまったく逆で、鉄の錆を嫌うそうです。東京オリンピック開催時に建築された東京の国際的なホテルは、当初鋼管を採用していました。しかし、数年で給湯水が錆によって茶褐色になり、海外からの宿泊客が敬遠したため、その後すべて銅管に取り替えたといいます。「所変われば品変わる」生活環境や習慣の違いで、配管材や水道水に対するイメージも違うものですね。

お風呂の水が青く見えるのは海が青く見えるのと同じこと、一般的な水道水が肉眼で青く見えることはほとんどないこと、おわかりいただけたでしょうか。銅管を使っているお宅では、青い水に神経質にならず、水まわりの掃除を徹底しましょう。

びっくり妙薬の中身

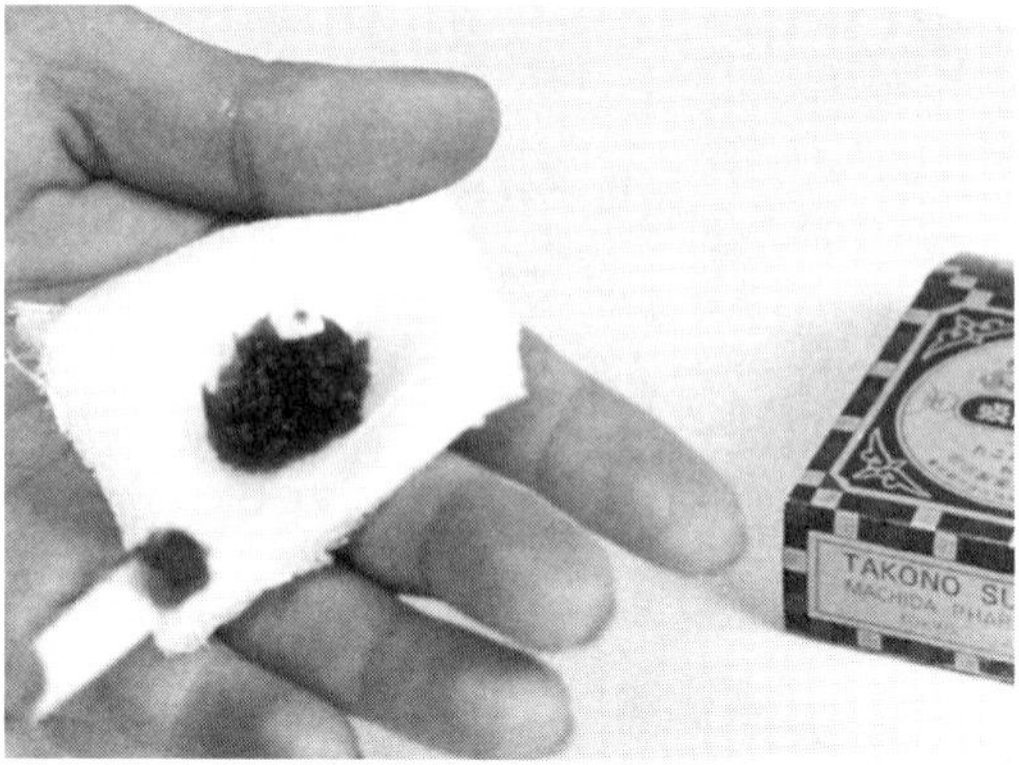

緑青が成分の「たこの吸出し」

　幼いころ、おしりに小さなおできができたことがあります。このおできがまた厄介者で、小さなくせに座るたびに飛び上がるほど痛い。そんなとき、母親から「たこの吸出しでも塗っておきなさい！」なんて一喝されたものです。

　さて、みなさんは「たこの吸出し」という薬を知っていますか？　年配の方なら、なつかしく感じる方も多いかもしれません。昔からあるおできの薬「たこの吸出し（吸出し青膏）」は、いまも薬局で売られているロングセラー薬。ユニークな名前のとおり、パッケージにはたこの絵が描かれています。ふたを開けると、中に入っているのは濃い緑色の軟膏。ちょっと勇気がいりますが、これを化膿したおできや腫れ物に塗ると、あら不思議、自然に膿《うみ》を出してくれるのです。さて、この軟膏の色、何の色かわかるでしょうか。実は昔、この薬の成分には緑青が使われていたのです。現在では硫酸銅に代わっていますが、緑青、そして銅が安全なことはもちろん、薬としても役立つものだということがよくわかります。

このように銅と医学のかかわりは古くからあり、薬や医療器具などさまざまな形で私たちの健康を支えてきました。それでは、医療の分野で活躍するいろいろな銅を紹介しましょう。

まず初めは漢方のお話です。漢方の世界には、古くから書物に伝わるたくさんの薬があり、治療にはたくさんの薬の中から症状に応じて最適なものを選んで処方するそうです。その中には銅や緑青も使われていました。漢方の有名な本草書『本草綱目』には、

「銅で薬になるのは赤銅である」

「金と銅の合金は薬として最も秀でている」

と書かれており、銅が大切な薬として扱われていたことがわかります。漢方の使い方では、緑青は殺菌剤や止血剤などに、赤銅は風邪薬などに使われていたようです。

また銅は、はるか昔から医療器具としても活躍していました。医療器具に銅が使われ始めたのは、なんと古代エジプト時代。いまから三〇〇〇年も前に、すでに青銅製のナイフ、ペンチ、鉗子《かんし》、ピンセットなどが使われていたようです。このような銅製の医療器具は近代になっても利用されています。最近では少なくなってしまいましたが、メス、消毒盤、舌押え、のう盆、

洗顔に銅洗面器を使うと眼病予防に役立ちます

洗眼容器などの材料には銅や黄銅、洋白などの銅合金が使われていました。医療器具に銅が使われた理由は主に錆びにくいこと、加工しやすいことだったようですが、銅の抗菌効果によって器具が衛生的に保たれることも利点の一つだったのではないかと思われます。

銅の抗菌効果が生かされている医療器具に、身動きがとれない患者さんの排尿に使われる「尿道カテーテル」があります。カテーテルは、尿道から膀胱まで差し込んで使うため、体に細菌が入り込み、感染症が起きやすいのが問題です。そのため一部のカテーテルは、細菌が入りやすい箇所に銅を使い、細菌をブロックしているのです。

そのほかにも、子宮内避妊具（ＩＵＤ）に部分的に銅を使ったものもあります。ＩＵＤは子宮内に装着して受精卵の着床を抑える器具で、Ｔ字形や杉の葉形のプラスチック製のものが多く使われています。海外では、これに細い銅線を巻いたものが避妊効果がより高いことが認められているそうです。

さて、医療の分野で活躍するさまざまな銅の姿、いかがだったでしょうか。いま、医療器具の多くは手入れの簡単なステンレス製などに代わってきていますが、衛生的な環境を大切にしたい医療現場だからこそ、抗菌効果のある銅をもう一度見直してほしいものです。

最後に、家庭でも役立つ銅を使った病気の予防方法を一つ。医療現場でも銅製の洗眼容器が使われていましたが、銅の洗面器は眼の衛生を保つためにとてもよいと眼科の先生に薦められています。毎朝の洗顔には、銅や真鍮製の洗面器を使ってみてください。微量金属作用によって水が清浄に保たれるため、結膜炎やものもらいの予防に役立ちます。もしかするとお肌にもいいかもしれませんね。

院内感染も怖くない⁉

先日、近所のお子さんがけがをして入院しました。聞けば、状態はそれほどひどくないとのこと。四、五日たって、そろそろよくなっているだろうと奥さんに声をかけると、なんだか浮かない表情です。

「病院に行って、別の病気にかかるなんて。本当に腹が立つわ！」

なんでもお子さんは、けがはよくなったのに、「院内感染」で苦しんでいるらしいのです。

けがや病気で入院するときは、誰もが不安な気持ちになるもの。やっと元気になって、そろそろ退院というときに、なんだか別のところの具合が悪い。こんなことがあったら、本当にやりきれない気持ちになってしまいます。

このようにけがや病気の治療のために行った病院で、別の病気をうつされるというショッキングな事態が実際に起きています。最近、ニュースや新聞などで見聞きする「院内感染」。いま院内感染は、医療施設の信頼をゆるがすほどの問題になっています。

そもそも病院などの医療施設は、人の出入りが多く、患者さんといっしょに病原菌が持ち込

培養結果（24時間後）

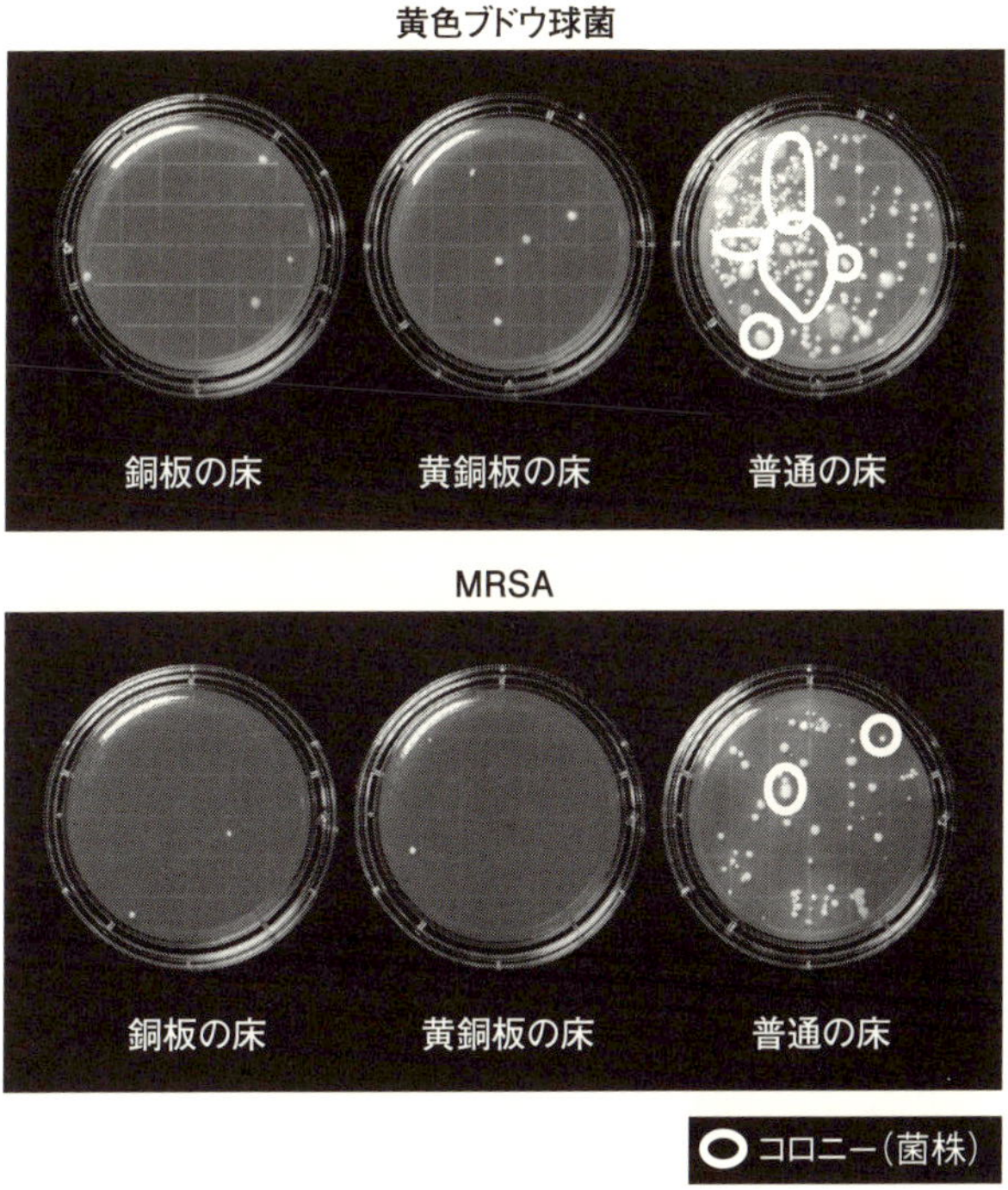

まれやすい環境です。健康な人には影響のない弱い菌でも、高齢者や幼児、入院中の患者さんなど免疫力が低下している人には、重い感染症をひき起こす危険性があるのです。このように医療施設で人から人へ、または医療器具などを通じて感染する感染症のことを院内感染といっています。いま、全国の医療施設には、院内感染を防止するためのマニュアルを徹底するなど、積極的な改善策が求められています。

　このような背景のもと、(社)日本銅センターでは新たなプロジェクトをスタートさせました。試験に協力していただいたのは細菌学の権威・北里柴三郎博士の精神を受け継いで創設された北里大学病院。銅の抗菌性を生かして病院の衛生環境をつくるという、世界で初めての実験が行われました。

　試験は、皮膚科病棟内に銅板と黄銅板を設置し、そこから採取した細菌となにも設置していない場所で採取した細菌を培養。コロニー（細菌の塊）の数をくらべる方法で行われました。銅板や黄銅板を設置した箇所はベッドの柵、洗面台、シャワーヘッド、ドアの押板、ドアノブ、手すり、処置室の床など。培養する菌の種類は、院内感染の主な原因となるＭＲＳＡを含む黄色ブドウ球菌、表皮ブドウ球菌、緑膿菌、大腸菌の四種類と一般細菌です。

　病室の床に設置した銅板、黄銅板、なにも設置していない床から採取した菌の試験の結果は次のようになりました。

・黄色ブドウ球菌――普通の床では菌が多数見られるが、銅板や黄銅板からはまったく検出されない

・ＭＲＳＡ──────普通の床とくらべ、銅板や黄銅板からは菌がまったく検出されない
・表皮ブドウ球菌───普通の床とくらべ、銅板や黄銅板のほうは菌がきわめて少ない
・一般細菌─────普通の床にくらべ、銅板や黄銅板では菌のコロニー数が極端に少ない

このような結果は、銅板や黄銅板を設置したほかの場所でも同様でした。また、洗面台やバスルームなどの湿った環境から検出される緑膿菌や大腸菌についても、抗菌効果が得られることが確認されました。

今回の試験について、このプロジェクトのリーダーである北里大学医学部・笹原武志先生は、これまでの成績から「銅や銅合金には院内感染の原因となる細菌を軽減し、衛生環境を改善させるはたらきがあると思われる」との見解を示されています。

院内感染を防ぐために銅の抗菌性がどのように生かせるか。現在はこの試験結果をもとに、より具体的な方法が考えられています。そこでひとつ、皆さんにご理解いただきたいことがあります。それは、見た目の美しさに頼りすぎないでほしいということです。たとえば長年使われた銅の手すりは、経年変化などで一見汚く見えるかもしれません。しかし、実際は抗菌作用がはたらき、普通の手すりより衛生的な場合が多いのです。多くの方にこの理解が進めば、将来は医療施設のあちこちに銅が使われている、なんていう日がくるかもしれません。病院の衛生的な環境をつくるため、銅のチャレンジはいまも続いています。

あのレジオネラ菌が参った！

「抗菌、抗菌というけれど、本当に効果があるの？」

そろそろ、こんな読者の声が聞こえてきそうなので、このへんで、これまでに行ったさまざまな実証試験の結果をまとめて紹介しましょう。

一見汚いように見える十円玉の表面は、じつは無菌状態、というように、銅には微量金属作用という細菌のはたらきを抑える力があることはすでにご紹介したとおりです。では実際、どんな菌に対してどれほどの効果があるのか。(社)日本銅センターは、これまでに私たちの身近で問題になっているさまざまな菌を使い、実験を行ってきました。ここでは、実験によって明らかになった三つの細菌に対する銅の抗菌効果をご紹介します。

〈レジオネラ菌に対する抗菌効果〉

銭湯や温泉施設などでレジオネラ菌に感染し命を落とす、というショッキングなニュースが世間の注目を集めています。近年、宮崎県の温泉施設で七人が死亡、二〇〇人以上が感染するという大規模な事件（二〇〇二年七月）や、石川県の公衆浴場で死亡者が出る事件（二〇〇三年二月）などがありました。

レジオネラ菌はもともと自然のなかの土や水に生息する細菌です。人から人への感染はなく、クーリングタワーの冷却水、循環式浴槽、給湯設備、加湿器、温泉などの水やガーデニング用の堆肥などがおもな感染源になっています。(社)日本銅センターは、このレジオネラ菌に対する銅の抗菌効果を調べる実験を行いました。

実験は二つの方法で行いました。一つは抗菌効果を試す実験で、水道用配管材料として使用されている銅板、ステンレス板、塩化ビニル板にレジオネラ菌をまき、培養後の菌の数を測定しました。その結果、試験片一枚当たりに五〇万〜六〇万ＣＦＵ（Colony Forming Unit　菌がまとまって成育した数）いた菌が、銅板では一〇〇〇ＣＦＵ以下に大幅に減少しました。一方、ステンレス板、塩化ビニル板はほとんど減少しませんでした。

次に、銅イオン濃度と作用時間の関係を調べる実験では、段階的に濃度を変えた銅イオン溶液にレジオネラ菌を入れ、発生する菌の数を測定しました。その結果、銅イオンの濃度と作用時間に比例して、抗菌効果が高くなることがわかりました。これらの実験から、銅はレジオネ

レジオネラ菌に対する抗菌試験結果

((財)北里環境科学センター)

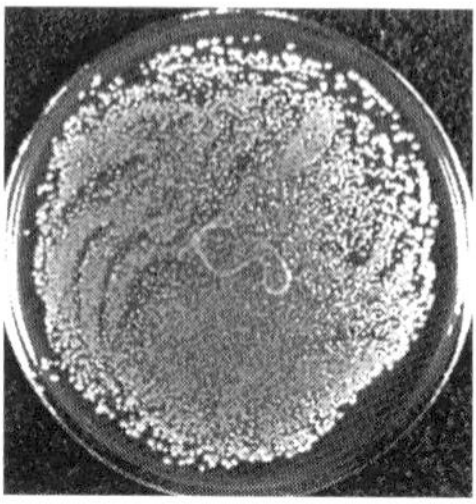
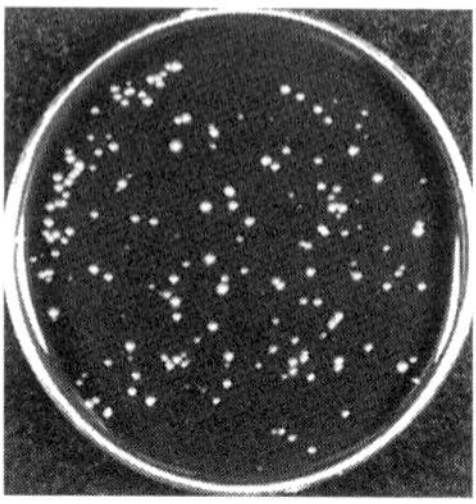

銅イオン濃度	0mg/*l*	0.1mg/*l*
レジオネラ菌数	1.5×10^{5}CFU/m*l*	5.2×10^{2}CFU/m*l*

銅イオン濃度	1mg/*l*	10mg/*l*
レジオネラ菌数	$<10^{1}$CFU/m*l*	$<10^{1}$CFU/m*l*

試 験 菌：*Legionella pneumophila* ATCC33153

初発菌数：8.2×10^{5}CFU/m*l*

作用温度：42℃　作用時間：4日間

100倍に希釈した試験溶液を0.1m*l*接種、

35℃、BCYEα培地で4日間培養

O-157に対する抗菌試験結果

（(財)東京顕微鏡院・食と環境の科学センター）

銅板によるテスト結果

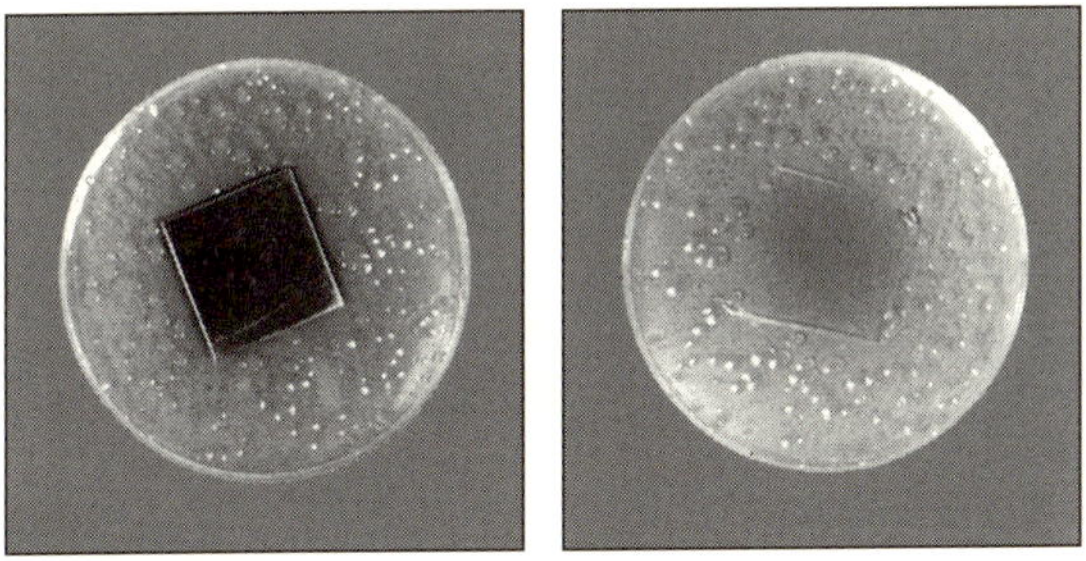

銅板の周辺に繁殖阻止帯が認められます

銅板の直下には菌の発育は認められません

使用菌株：病原性大腸菌O-157

供試菌薬：10^3CFU/mℓ

ラ菌に対してすぐれた抗菌効果をもつことがわかりました。

〈O-157に対する抗菌効果〉

一九九六年に、猛威をふるった病原性大腸菌O-157。外食産業の売上げが急落するほどの大混乱を招きました。最近では欧米で猛威をふるっているようです。さまざまな食品を通じて感染するO-157は、今後も季節にかかわらず、十分に注意が必要だといわれています。銅はこのO-157に対しても、抗菌効果を発揮することが実験でわかっています。

実験はシャーレの中にO-157の菌を含んだ寒天を入れ、その上に銅板、黄銅板をおいて観察する方法で行われました。その結果、銅板、黄銅板のまわりでは菌の繁殖がくい止められ、さらに銅板の真下では菌がまったく発育しないという結果が得られました。この試験結果は発表されるやいなや、各方面から問合せが殺到し、大きな反響を呼びました。

〈クリプトスポリジウムに対する抗菌効果〉

あまり聞き慣れない名前ですが、クリプトスポリジウムという微生物に対する実験も行われています。クリプトスポリジウムは、水や人の手を介して感染し、激しい腹痛や下痢をひき起こす病原微生物の一つです。この微生物は塩素に強く、水道水の塩素消毒でも死滅しないため、大変恐れられています。近年、日本でも集団感染をひき起こし問題になりました。

実験では、銅イオンによってクリプトスポリジウムのオーシスト（クリプトスポリジウムをおおう硬い殻）の形がくずれたり、壊れたりすることを発見。この銅イオン処理をしたオーシストをマウスに感染させて試験したところ、クリプトスポリジウムの感染性が不活性化されていることがわかりました。

このように、銅の抗菌作用は私たちの健康を脅かすさまざまな細菌や微生物に対して効果を発揮することがわかっています。いまはまだ、実験段階のものもありますが、これらの結果を実用的に発展させるため、現在より具体的な検証が始められています。新しい可能性を広げ続ける銅の抗菌パワーにますます目が離せなくなりそうです。

ライフラインを安全に、衛生的に

「しまっていこうぜー！」

にぎやかな応援の声につられて外へ出ると、近くの高校で野球の試合が行われていました。声をからして応援する生徒たち。丸坊主のナインはみな真剣な表情で、マウンドを見つめています。照りつける太陽の下、部員たちの額には玉の汗。「さぞやのどが渇くだろう」そんなことを考えていると、昔飲んだあの水の味を思い出します。

校庭の水飲み場。蛇口を上へ向け、口をつけてガブガブ飲みほしたあの水。カラカラに渇いたのどには、なによりのご馳走でした。

蛇口をひねれば冷たくきれいな水があふれ出す。あたたかいお湯もたっぷり使える。私たちのくらしに水道は欠かせないものです。では、この水やお湯はいったいどこからきているのでしょうか。

当たり前のようですが、それぞれの家の蛇口まで水を届けるには、水を送るパイプが必要です。あなたがいつもどおりに水道を使うとき、蛇口から出てくる水やお湯は銅管を通ってきているかもしれません。銅管は、給水管や給湯管として私たちのライフラインを支えているのです。

銅管の歴史は古く、なんと紀元前にまで遡ります。紀元前二七五〇年ころ、エジプトのアブシルに建設された神殿には銅でつくった給水管が使われたことが伝えられています。その銅管の一部はいま、ベルリン博物館に所蔵されています。

また、世界で初めて水道がつくられたのは、ローマ時代の紀元前三〇〇年ころといわれています。ローマ水道（アッピア水道）と呼ばれる巨大な石造りの水道は歴史的にも有名です。当時の配管には木管や鉛管が多く使われており、高級品だった銅（青銅）は水栓、ポンプ、弁などに使われていたようです。

エジプト・アブシル神殿から見つかった銅管の一部

日本でビルや家の配管に銅管が使われたのは、一九二三年大阪医大附属病院で給湯用に使用されたのが初めてといわれています。水道用には、一九三二年に東京市水道局が、一九三七年に大阪市水道局が銅管を採用しました。

その後、銅管は加工性がよく、プレハブ化などにより施工性を高められることから、多くの高層ビルの配管に採用されるようになりました。また一般の住宅やマンションでも、給水・給湯用配管、空調用配管、床暖房用配管、スプリンクラー用配管などに、幅広く使われるようになりました。

海外では配管といえば、銅管が常識です。アメリカでは、給水・給湯用配管のほぼすべてに銅管が採用されています。スウェーデン、オランダ、イギリスなどのヨーロッパの国々では、給水用配管の九〇%前後、給湯用配管のほぼすべてが銅管です。一方、日本では給水用では少量です

コラム

めざせマイナス6％！　エコ給湯器を支える銅製熱交換器

2005年、地球温暖化の対策として京都議定書が発効されました。日本が世界に約束した目標は、温室効果ガス排出量6％の削減。これを実現するため、身近な製品の中に省エネや環境に配慮したタイプが次々に登場しています。

給湯器もその一つです。じつは、給湯器の心臓部である熱交換器（熱を水に伝える箇所）はほとんどが銅製。銅製熱交換器は、話題のエコ給湯器にも採用されています。

たとえば「空気でお湯をわかす」というキャッチコピーで知られる「エコキュート」は自然冷媒（CO_2）を使用し、高効率なヒートポンプシステムでお湯を沸かす環境にやさしい給湯システムです。この熱交換器には熱伝導率の高い銅が採用されています。

また馴染み深いガス給湯器では、「エコジョーズ」という製品が発売されています。これは1台の給湯器の中に従来の熱交換器（一次熱交換器）に加え、もう一つ熱交換器（二次熱交換器）を設置し、これまで捨てていた熱を無駄なく利用するしくみになっています。この熱交換器に使われているのも銅です。

銅が支える環境にやさしい給湯器。身近で始められる環境対策として、今後もますます活躍していくことでしょう。

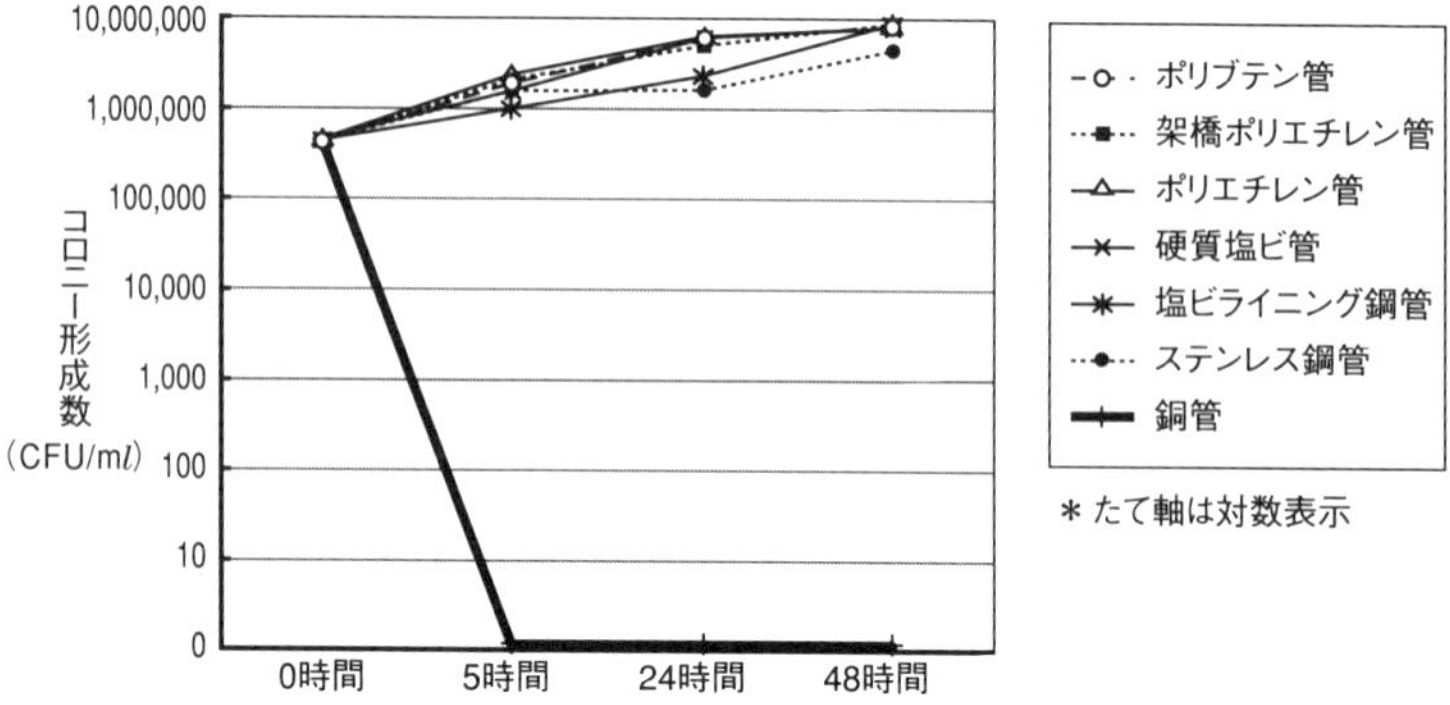

各管材の抗菌試験結果

が、給湯用ではほとんどの配管に銅管が使われています。

　このように世界の国々で選ばれているのは、銅管にはすぐれた特長がたくさんあるからです。たとえば銅管は耐震性が高く、阪神・淡路大震災を経験したある病院やホテルの銅管を調べたところ、まったく損傷がありませんでした。また、施工性がよく長もちするので、トータルコストで考えると、とても経済的です。資源価値の高い銅はリサイクルにも向いています。そしてなにより、銅の抗菌効果で衛生的に使えるというのがポイントです。

　銅の微量金属作用というはたらきには、細菌などを抑える力があります。これまでにもレジオネラ菌、病原性大腸菌O-157などさまざまな菌に対する抗菌効果が実証されていますが、では銅管ではどうでしょうか。ふだん見ることのできない銅管の中で、抗菌作用はどうはたらいているのか。(社)日本銅センターは、(財)東京顕微鏡院・食と環境の科学センターに委託し、銅管の抗菌効果を調べる実験を試みました。試験に使ったのは、ポリブデン管、架橋ポリエチレン管、ポリエチレン管、硬質塩ビ管、塩ビライニング鋼管、ステンレス鋼管、銅管、の七種類の管材です。それぞれの管材に大腸菌を含む菌液を入れ、数時間後に検査しました。

試験の結果、銅管には大腸菌の生存数を低下させるはたらきが認められました。一方、銅管以外の管材には、このようなはたらきは見られませんでした。この結果から、銅管は他の金属や樹脂系の管材にくらべ、きわめてすぐれた抗菌効果をもっていることが実証されました。

また一時期、人や動物の生殖機能に悪い影響を与える「環境ホルモン」が家庭用の水道管から出たという記事が新聞をにぎわせたことがありました。しかし、環境ホルモンが検出されたのはいずれも樹脂系の管。銅管は環境ホルモンの心配がありません。

毎日飲み、料理に使い、手を洗い、お風呂でつかる水道水だからこそ、衛生性はとても気になるもの。衛生的にすぐれた銅管なら水道の安心感がさらにアップしますね。

病気のもと、こわーい蚊を絶つ

かゆい、かゆい、かゆい！　毎年、夏になると悩まされる蚊。耳元にプーンとつきまとわれると、本当に嫌なものです。

蚊に刺されたときの、あのかゆみ。その原因は、蚊の唾液だといわれています。蚊は血を吸うときに、人に痛みを感じさせない麻酔作用や血が固まるのを防ぐ効果のある唾液を出します。これが人の体に入るとアレルギー反応を起こし、かゆく感じるのです。

しかし、蚊の問題はかゆみだけではありません。最近では蚊が運ぶ恐ろしい感染症が問題になっています。

ウガンダの西ナイル地方で発見された「西ナイルウイルス」は、感染すると重い脳炎をひき起こすこともある、大変危険な感染症です。この西ナイルウイルスが近年、アメリカで爆発的な広がりを見せています。二〇〇二年には、全米で四〇〇〇人以上の患者と二八〇人もの死者を出すほどの大流行となりました。

この病気を広めた犯人、それが蚊なのです。西ナイルウイルスは、ウイルスに感染した蚊が人の血を吸うことで広まります。このほかにも蚊を通じて広まる感染症はマラリア、デング熱、日本脳炎など一〇～二〇種類以上もあるといわれており、国内でも警戒されています。いま各自治体などでは蚊の駆除や予防対策が積極的に行われています。

みなさんは、墓地の周辺に蚊が多いと感じたことはないでしょうか。これは、墓地には花立てなど水が溜まる箇所が多く、この中に蚊が卵を産むからだといわれています。この対策として昔から伝えられているのが、花立ての中に十円玉を入れておくという知恵です。しかしこれまで、なぜ十円玉を入れると蚊を防げるのかきちんと調べられたことはなく、銅との関係もわかっていませんでした。そこで(社)日本銅センターは、蚊の発生を防ぐ銅のパワーを確かめるため、実験を行うことにしました。

まずヤブカともいわれる一般的な蚊、ヒトスジシマカの幼虫（ボウフラ）を使って試験しました。ヒトスジシマカは古タイヤや捨てられた弁当のパッケージなどに溜まるほんの少しの水でも産卵できるため、最近とくに増えている蚊です。この蚊のボウフラを銅製の容器とガラス製の容器で飼って比較したところ、銅製の容器のボウフラはすべて羽化せずに死亡。しかし、ガラス製の容器では九割が羽化

ヒトスジシマカの幼虫羽化率

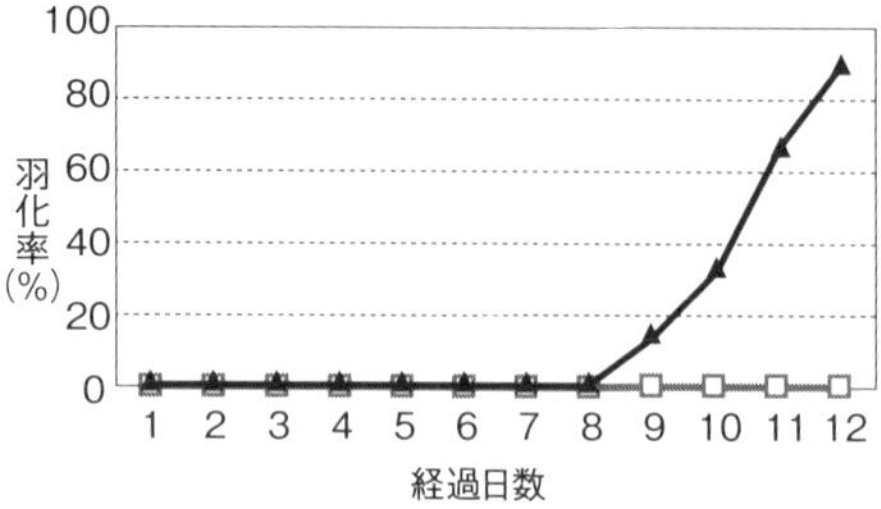

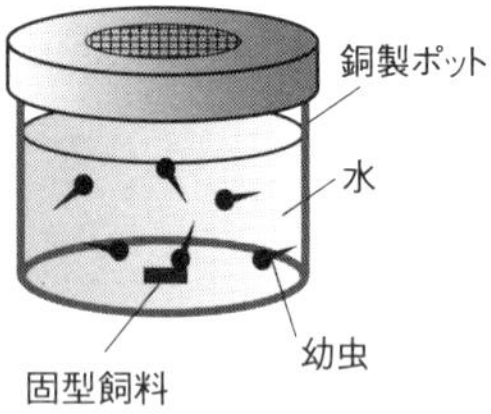

銅製ポットとガラス製ポットを使用した試験のようす((財)日本環境衛生センター)

して蚊になりました。

次に、チカイエカという蚊で実験しました。チカイエカはビルの地下室や地下鉄の排水溝、浄化槽などから発生するため、都会には一年中生息しています。この蚊のボウフラを、繊維のように細い銅線と一緒にガラス容器に入れたところ、やはり全滅。銅線を入れない場合は八割が羽化して蚊になりました。

実験で使った銅を入れた容器の水からは銅イオンが検出されており、銅の微量金属作用のはたらきが蚊の発育を抑えたと考えられます。ボウフラが死亡する詳しいメカニズムの解明はこれからですが、この力をより実用的に生かすため、現在は公園などで実験が続けられています。

この実験結果は、ＮＨＫの朝のニュースや新聞などにトピックスとしてとりあげられ、大きな話題となりました。これからはもしかすると、水溜まりに十円玉を入れて試してみる人が増えるかもしれませんね。その場合は、銅イオンが溶け出しやすいきれいな十円玉を使うのがお薦めです。銅製の墓地の花立て用グッズ、銅や真鍮でできた花器なども販売されていますので、みなさんも蚊を防ぐ銅の効果をぜひ試してみてください。

銅製花器

水虫くん、サヨナラ

夏が近づき気温が高くなると、靴の中はジメジメ、ムシムシした高温多湿状態。ムズムズする足に悩まされている方も多いのではないでしょうか。梅雨時は、とくに気になるあの嫌な病気。それは水虫です。

ある調査によると、日本では国民の約二割が水虫に感染しているといわれています。少し前までは「おじさんの病気」と思われていましたが、いまでは若い女性にも水虫に悩んでいる人が多いようです。いろいろなファッションが流行し、むれやすいブーツをはく機会が多くなったからでしょうか。はっきりした理由はわかりませんが、湿度の高いブーツの中は水虫が大好きな環境だそうです。

そもそも水虫は、足の裏などにかびが棲みついて起こる病気です。かびの正体は、おもに白癬菌《はくせんきん》という菌。白癬菌は糸のような細長い格好をした菌で、皮膚の表面に棲みつき、ジメジメ、ムシムシした環境で活発にはたらきます。

この白癬菌、足だけでなく体のいろいろなところに棲みつきます。ちょっと変わっていますが、感染する場所によって病気の呼び名が変わり、頭皮に感染すると「しらくも」、体に感染すると「たむし」、股部に感染すると「いんきんたむし」、そして足に感染すると「水虫」と呼ばれるわけです。この菌は長生きなので、一度感染してしまうと治療にはとても根気がいります。いまでは効果的な薬がたくさん発売されていますが、完治のためには数か月間、薬を塗り続けなければいけないそうです。

そんな厄介な水虫対策にも力を発揮するのが銅です。昔、あるタクシー運転手からおもしろい話を聞いたことがあります。

「靴の中に十円玉を入れておきなさい。水虫がいっぺんに治りますよ」

運転手はそういって、靴の中からピカピカの十円玉を取り出しました。じつはこの方法は手軽な水虫対策の知恵として、昔から伝えられていました。

この知恵をヒントに、いまでは銅の抗菌効果を生かした靴下が発売されています。三〇マイクロメートルほどの極細の銅線（銅の繊維）を織り込んだ同商品には、一足あたり約二〇グラムの銅が使われています。一般的に、足のにおいは皮膚にある雑菌と汗の成分が反応して起こるといわれており、銅入り靴下で足の雑菌のはたらきを抑えることで、においや水虫を予防す

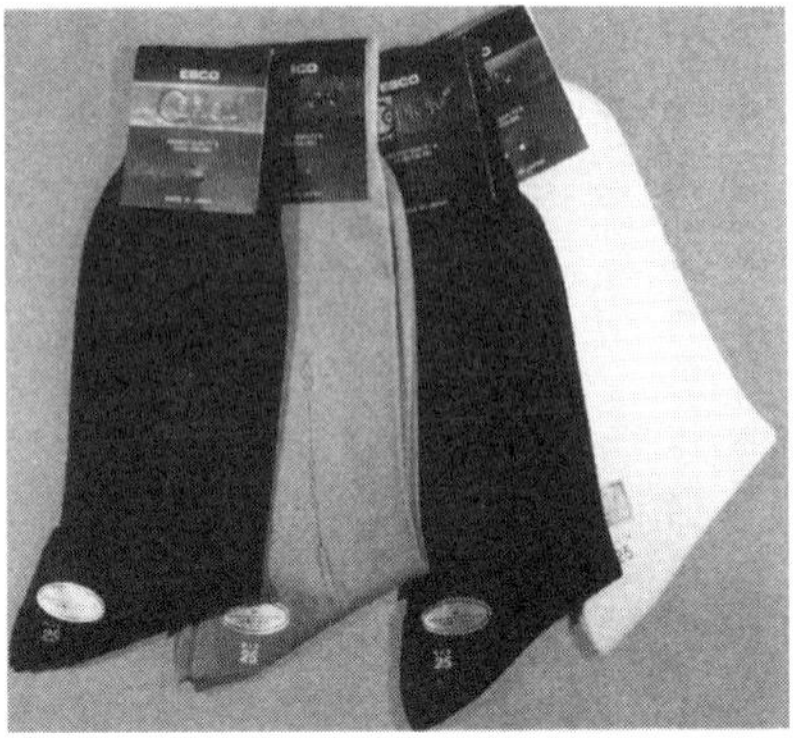

水虫を予防する銅繊維を織り込んだ靴下

る効果があるそうです。

このほかにも銅の抗菌効果を生かした靴の中敷きがいくつかのメーカーから発売されています。銅の使われ方は銅粉をプリント加工したもの、銅箔を包み込んだものなどさまざま。いずれも足と靴の中を衛生的に保つために役立っています。

水虫対策ではありませんが、銅の繊維は身近な製品にも応用され、くらしの衛生性をアップしています。たとえば脇の部分に銅のネットを取り付けたシャツ、下着やサポーター、食品工場で使われる手袋、台所用のふきんなどがこれまでに開発され、人気を集めています。また最近では、鳥インフルエンザなどへの恐れから、マスクの中当てガーゼに銅イオンを付着させ、抗菌効果をもたせているものもあります。

さまざまな抗菌グッズが販売され、身のまわりの衛生に関心が高い昨今。銅の抗菌効果を使ったグッズはこれからも人気を集めていくことでしょう。臭い足、むれる足、水虫の足。靴を脱いでも恥ずかしくない、さわやかな足のために、今日からあなたも銅入り靴下を使ってみませんか。

台所のひと工夫で湖が蘇った

初めて奈良の大仏（東大寺・盧舎那仏《るしゃなぶつ》）を見たときは、その大きさと荘厳さに圧倒されます。門前に群れていた鹿たちのあまりの可愛さに触れた直後だけに、大仏を見上げたときの衝撃はいまだに忘れられません。

この銅製鋳物の大仏は、聖武天皇によって八世紀中ほどに完成しています。高さ一四・三メートル、四七〇トンほどの銅を使っていますが、鋳造の工程だけで三年かかっているといわれています。完成間近になったときには「国内の銅は尽きた」と書かれているほど、国を挙げての一大プロジェクトでした。

このプロジェクトに加わった人の延べ数も尋常ではありません。

材料職人――――五万一〇〇〇人
材料労働者――一六六万五〇〇〇人
金属職人―――三七万二〇〇〇人
金属労働者――五一万四〇〇〇人

抗菌効果の高い銅製バスケット、三角コーナー

じつに二六〇万人を超える人々がかかわって、この大仏がつくられたのです。

一人ではなにもできないちっぽけな人間も、同じ目的で心を一つにすればそれ相応のことが実現できるという教えかもしれません。

湖の周辺の家庭約一四万世帯が地道な努力を続けた結果、汚れていた湖を短期間できれいに蘇らせた……。これは平成の大仏づくりといっていいものかもしれません。

アサギ、マコモ、ガガブタ、カワセミ、オオヒシクイ、コウノトリなど、水辺に色とりどりの草花が人の目を楽しませ、鳥のさえずりがうるさいくらいだった茨城県霞ヶ浦。わが国で二番目に大きなこの湖も、安らぎの場、憩いの場であった時代から時をへて、草花や動物たちが数を減らし、姿を消していきました。湖の汚染とプランクトンの増殖などにより「アオコ」が大量発生し、動植物などの生きる場を奪っていったの

台所のひと工夫で湖が蘇った

でした。こういった湖の汚染の原因の一つに周辺地域の生活雑排水の川・湖へのたれ流しがあげられました。このあたりは下水道整備が遅れていたため、生活雑排水の約六割が未処理のまま湖周辺に流れ込んでいたのです。

このような状況を見かねた茨城県は、銅のもつ抗菌、防藻効果に着目、さまざまな調査を重ねた結果、一九九二年からの四年間で、周辺の二八市町村、約一四万世帯に台所流し台用の銅のバスケットを配布しました。この銅のバスケットは、ステンレスなどの従来品とくらべて網目が細かく、湖水の有機物汚染量を示すCOD（化学的酸素要求量）の改善が期待されました。結果は見事に出ました。銅バスケット使用前にくらべ、使用後、CODは二一〜四割改善されていました。

銅バスケットを使用した環境改善策の成功は大きな反響を呼び、全国の地方自治体に広がりました。さっそく採用した熊本県玉名市では固形浮遊物質が平均して四五％も減少した例もあり、これをさらに応用する自治体もあらわれました。やはり市内に湖をかかえる北海道網走郡女満別《めまんべつ》町（現 大空町）です。その網走湖は一九八〇年代に入ると汚染が進み、湖に自生していた草花は極端に減少し、名物のシジミやワカサギが激減、小魚が絶えるという状況にまで悪化しました。町では霞ヶ浦での銅バスケットの環境改善効果をふまえ、台所への銅製三角コーナーの採用に踏み切りました。町の二〇〇〇戸を超す全世帯に三角コーナーを配布、使用の徹底をはかりました。設置してその翌年にはもう効果があらわれました。同町観光課によると、「他の浄化作戦とこの銅製三角コーナーの採用は見事にあたりました。それまで毎年大発生していたアオコがピタッと出なくなりました。それ以後アオコは一度も発生していません。ほかに目に見えて違ったのは、水の透明度が上がってきたこと。そしてなによりもうれしかったのは、水面に小魚が見られるようになってきたんです」。

短期間で川を蘇らせる

「あなたはもう忘れたかしら、赤い手拭いマフラーにして、二人で行った横丁の風呂屋、一緒に出ようねって言ったのに、いつも私が待たされた……」。そう、あの名曲「神田川」の一節です。涙して聞いた人たちも多いはずです。カラオケにいって歌えるのはこれだけ、という団塊世代の人も多いと思います。

東京都武蔵野市の善福寺池と三鷹市の井の頭池を水源とする神田川は、都心を東西に流れ東京ドームのある水道橋あたりで神田川本流と日本橋川に分かれ、いずれも隅田川に注いでいます。「お江戸日本橋七つ立ち……」の日本橋の架かるのが日本橋川。江戸時代、この神田川水系は、市民の貴重な上水として重用されていました。高度成長をとげ、高層ビルがあちこちに並び始めるころになると、この川は見る影もなくなりました。強い臭気がただよい、川面にはプスプスとガスが立ち昇るほど。ひとたび大雨ともなると、もう大変。この水が周辺地域にあふれ出ます。

この神田川がここ数年見違えるようにきれいになっています。魚の姿などまったく見られな

森ヶ崎下水処理場第二沈殿池

かった川面には鯉のシルエット。桜の季節には水面に桜花を映し、少しずつ昔の面影をとり戻しているのがよくわかります。

　このように神田川をはじめ、多くの都市河川を蘇らせたのが下水処理事業の進展でした。生活や事業活動によって排出される汚水はそのまま川や海に流され、ひたすら汚染を進めてしまいました。これを一転させた一つの要因が近代的な下水処理場です。家庭や工場から排出される汚水や雨水などはマンホールを通って下水管に流れ込み、ポンプ所に送られます。ポンプ所では水中の木片やごみ、土砂を取り除いて再び下水管に送り出し下水処理場へと送られます。

　下水処理場のおもな仕組みは、まず入ってきた汚水を沈砂池に入れ、土砂と大きなごみを取り除きます。次に第一沈殿池《ちんでんち》をゆっくりと流し、有機質の細かい浮遊物は沈殿分離され、下

竣工後1か月しても藻の付着は見られません

水はばっ気槽に送られます。ここで活性汚泥（汚れを食べる微生物の入った泥）が加えられ、有機物は水や炭酸ガスに分解されます。繁殖した微生物はさらに細かい浮遊物を集めながら沈殿し、第二沈殿池に流れ込みます。ここで三〜四時間かけてゆっくり流され、その間にばっ気槽でできた塊（フロック）は底に沈み、上澄みのきれいな水が越流ぜきを越えて水路に流れ込み、下水処理は完了します。汚れきって下水処理場に入ってきた水は、約半日後澄みわたる水となって排出されていくのです。

この下水処理場の防藻対策として銅板が使用され、その威力を発揮しています。先陣を切って採用したのは東京都大田区の東京都下水道局森ヶ崎処理場。銅板が使用されたのは下水処理フローのうち第二沈殿池のきれいな水が流れ込む水路の部分。微量金属作用を利用した防藻対策としてコンクリート製トラフ水路を覆う形で銅板が張られました。藻の発生は下水処理能力を著しく低下させるため、その除去と付帯的な効果として蚊の産卵、発生、成長の抑制に大きな期待がかけられました。その効果はてきめんで、東京都では三河島、芝浦、新河岸など、他の処理場への使用も決めました。その後の東京都の調査によると

・銅板の防藻効果はそれまでのコンクリート素地などとくらべるととても高い

・銅板はメンテナンス性がよく、耐久性が見込めるので安価

・銅板からの銅イオン溶出量は基準値をはるかに下まわっていて安全

との報告がされています。

最近、東京・日本橋の景観をとり戻そうと、政府の肝入りで数千億円を投じ日本橋の上に架かる首都高速道路を移設させようというプランがもち上がっています。日本橋から下を流れる日本橋川を眺めてみても、そこには高速道路の無骨な姿が重なって情緒ある景観とは程遠いものです。これがなくなったとき、青く澄んだ日本橋川が「三丁目の夕日」に赤く焼けているかもしれません。

イオンは強い味方です

東京の若者に人気の街は、時代によってずいぶんと変わってきました。戦後初めてそんなスポットとして名があがったのが一九六五年ころの銀座でした。アイビーなるファッションの若者たちが、アメリカナイズされた独特の世界をつくっていました。それから四〇年、若者の街は、原宿、渋谷、新宿、池袋、また渋谷と移り、いまはアキバ（秋葉原）でしょう。もともと電気製品の安売りの街として、むしろ海外で有名で、観光客がまず訪れるのがここでした。いまはといえば、「電車男」に代表される例のリュックサックを背負ったオタク君。外国人は西欧の人たちに加え、中国、韓国など東アジアの人たちが際立って増えています。そして時々メイド風の若い女の子。ひと言では表現できないアキバワールドの出現です。

電気店に入ってみると、「マイナスイオンで疲労回復に効果的　○×加湿器」「マイナスイオンで安眠快適　○△加湿器」「集中力をアップ！　マイナスイオン」など、商品プレートはマイナスイオンであふれています。

同じようにイオンを利用し、幅広いフィールドで用途を広げているのが「銅イオン発生器」

銅イオン発生器が活躍する皇居前大噴水

です。

銅イオンは、これまでも触れてきたように微量金属作用があり、これを活用した製品です。すでに水やお湯を循環ろ過して使用するプールや温泉風呂、噴水、人造池などで採用されています。

公園の噴水や池のまわりは心安らぐ憩いの場ですが、近くでよく見ると、水の中が緑色の藻でいっぱい。この藻は水景施設の美観を損ねるだけでなく、異臭や蚊の発生の原因となります。藻と共存するレジオネラ菌などの微生物が異常発生し、衛生的にも大きな問題となります。浮遊してろ過器にからまり、目詰まりを起こすことにもなります。温泉やプールの場合は、藻ですべりやすくなり、やはりレジオネラ菌などの細菌の巣窟になりかねません。このような問題に対し銅イオンの抗菌作用で解決をはかったのが銅イオン発生器です。

この装置には、電極板として銅と銀の合金が使用されています。この電極板は厚さ一〇ミリメートルほどで、約八％の銀を含んでいます。銀イオンをプラスすることで細菌を死滅させる力が強くなり、より低いイオン濃度で効果を上げることができます。この電極板は、ろ過循環配管または給湯配管途中に取り付けられ、イオン濃度をコントロールする制御装置と電気ケーブルで結ばれます。銅板に微弱な電流を流すと、電気的に活性化された銅イオンと銀イオンを水中に溶出します。

プールでは水の殺菌に塩素を使用するのが一般的です。しかし、塩素は殺菌には効果を上げるものの、殺藻効果が低いうえに、夏場は気温の上昇とともに蒸散してしまうので、さらに多量の塩素を投入することになります。プールに入ったときにツーンと強い臭いが鼻をついたり、目が痛くなったりするのは、塩素の過剰投与によるものです。塩素は金属を腐食させるため、ろ過器が錆びたり、周辺の植物が枯れるといった事故も起こっていました。川に流れ出ると環境汚染にもつながります。銅イオンの場合、こういった問題がまったくないため、銅イオン発生器は急速に普及していったのです。

銅よもやま話

銅と人類、一万年のおつきあい

初めにビッグバンがありました。この時期については諸説あるようですが、いまからおよそ一四〇億年くらい前のこと。

それから九〇億年ほど経過して、地球が誕生し、海ができ、さらに数億年後に生命が誕生したといいます。

やがて海に光合成をする生物があらわれ、海中に酸素を供給し始めます。あるバクテリアが大量発生したのをきっかけに酸素の供給量が増え、そのうち海中の酸素があふれて大気中に満ちていったのが約二十数億年前。地球上に「大陸」が登場するのはそのあとです。約一〇億年前に至って、ようやく多細胞生物が出現。四億年前になると昆虫があらわれました。ゴキブリの出現は三億年前だとか。まさに生きた化石です。恐竜の時代が訪れ、約六五〇〇万年前に絶滅したのと入れ替わりに霊長類の祖先が生まれます。

六〇〇万年前にヒトとチンパンジーが分化したとされ、やがてアウストラロピテクス＝猿人によって石器が使用されるようになったのが二五〇万年前。北京原人、ネアンデルタール人をへて、五万年前になってクロマニョン人が出現します。一万年前に農耕が始まり、日本は縄文時代に突入しました。神奈川県横須賀市の夏島の貝塚（いままで発見されたなかで日本最古の貝塚の一つとされます）がつくられたこのころ、人類はあるものを手に入れます。

お気づきですね。

そう、銅です。

私たちの祖先が初めて手にした金属、銅。当時の人たちは木材を燃料にしていたとされますが、その炉壁の土に含まれていた鉱石から、熱によって銅が分離するのを偶然見つけたのが始まりだろうと推測されています。紀元前八〇〇〇年ごろの話です。

マンモスが地球から姿を消し、サハラ砂漠が形づくられた紀元前六〇〇〇年ごろ、人類はすでに弓矢という武器をもち、酸化鉱を還元することで金属を得るという技術を身につけていました。ここにきて、「金属時代」が華々しく幕をあけるのです。

幕があいてからしばらくして、青銅が誕生します。青銅は銅と錫の合金ですが、酸化銅鉱石の付近にはたいてい錫鉱石があることから、その二つが偶然混ざって、この合金が生まれたと考えられています。銅よりも硬く、道具の材料としては格段にすぐれていますから、青銅を得たことで人類は飛躍的に発展していくことになります。

日本が縄文時代のまっただ中であった紀元前五〇〇〇年ころ、エジプトの墓からはすでに多くの銅製の武器や道具が発見されているそうです。

ユダヤ暦でいう「天地創造」は紀元前三七〇〇年ごろといわれていますが、このころ、聖書でお馴染みのシナイ半島で銅の鉱山が開かれていたという文書が残っています。これが「鉱山事業」の始まりです。
ストーンヘンジがつくられ、ギザのピラミッドが完成し、現在地球上に存在する最古の樹木とされる「メトセラ」と名づけられた松の木が発芽した紀元前三〇〇〇年ごろには、キプロス島が銅生産の中心地となっていました。ここで産出された銅は、エジプト人、アッシリア人、フェニキア人、アッシリア人、ローマ人などと取引きされ、地中海エリアで広く利用されたといいます。ちなみに銅の元素記号のCuは、「キプロス」のラテン語表記に由来するとか。
古代ギリシャ・ローマで鉄の製錬技術が盛んに用いられたのは紀元前七〇〇～紀元前六〇〇年ごろで、銅は一歩後退かと見られましたが、さにあらず、かえって銅の耐食性、美観など、鉄との比較でますます注目されることになります。新しい銅合金として、黄銅をつくる技術が生まれたのもこのころです。
日本で初めて銅が使用されたのは、紀元前三〇〇年ごろのこと。時すでに弥生時代。中国大

コラム

エンゲージリングの起源は「鍵」

結婚前に贈る「給料○か月分」のプレゼントといえば、エンゲージリング。ところでこの習慣、もともとは「鍵」を贈ることに起源があったことをご存知でしたか？

時代は中世ドイツ。当時、男性は結婚を申し込む際に「家の中のすべてを任す」という思いを込めて、鍵を恋人に贈っていたそうです。これが婚約の印となりました。

この「鍵」、正確にはドアなどに固定されているほうを「錠（lock）」、錠の穴に差し込み回転させるほうを「鍵（key）」と呼び、二つで「錠前」です。世界最古の錠前は、紀元前20世紀ころのエジプト・カルナック大神殿遺跡に壁画が残る、木製の錠前だといわれています。その後、鉄製や銅合金製のものが生まれましたが、ここで加工しやすい銅が素材として重宝され、縁起物を模したり、色とりどりに仕上げたりといった装飾が盛んに施されていきました。その精緻な美しさは、富と権力の象徴でもあるのです。

現在も銅は鍵や錠に利用されていますが、毎日開け閉めするものですから、どうしても摩耗は避けられません。とはいいつつ、鍵のギザギザの部分。毎日50回使って、10年間分の使用に耐えうるだけの強度が備えられているそうです。

古代ローマの錠

ペルシャの錠前

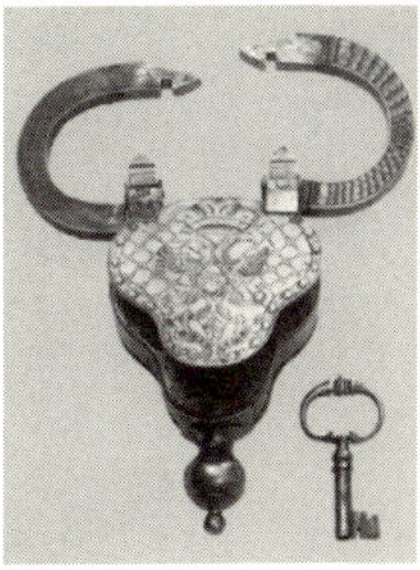
18世紀ドイツの錠前

陸から渡来し、北九州地域を中心に青銅器文化が栄え、剣、鉾《ほこ》、鏡などがつくられました。西暦六九八年には国内で初めて銅鉱石が産出され、七〇八年に武蔵国から朝廷に献上されてつくられた「和同開珎《わどうかいちん》」が日本で最初の通貨、というのが通説でしたが、これを二五年遡る「富本《ふほん》銭《せん》」が発見され話題となりました。

さて、いかがでしたか、人類と銅のおつきあいの歴史。現代まで、約一万年。ビッグバンからとくらべればあっという間にすぎませんが、金属の中で一番古くから人類の友であった銅の輝きは、永遠です。

「もったいない」の精神、直島にあり

ごはんを残すようなもったいないことをすると、もったいないお化けが出てお説教をするという話は、日本のいろいろな地方に伝わっているそうです。私たち日本人は小さなころからこの言葉に親しみ、ときに「もったいない！」と怒られ叱られ、その精神を心にはぐくみながら大人になりました。この「もったいない」という言葉が、昨今では世界的に注目されていること、みなさんはご存知でしたか。

もとはといえば、ケニアの環境保護活動家であり、ノーベル平和賞受賞者のワンガリ・マータイさんが、二〇〇五年、京都議定書発効に関連した行事のために来日し、この「もったいない」という言葉を耳にして感銘を受けたことが始まりでした。この言葉が、環境問題を考える際、その精神をあらわすのにもっともふさわしいキーワードである、と考えたのです。

マータイさんはその後、「もったいない」の精神を世界に広めようとして、他の言葉でもこの概念の言葉を探したのですが、見つけることができず、結局日本語の「もったいない」をそのまま世界共通語として使用することにしたのだそうです。「もったいない」は、「リデュース

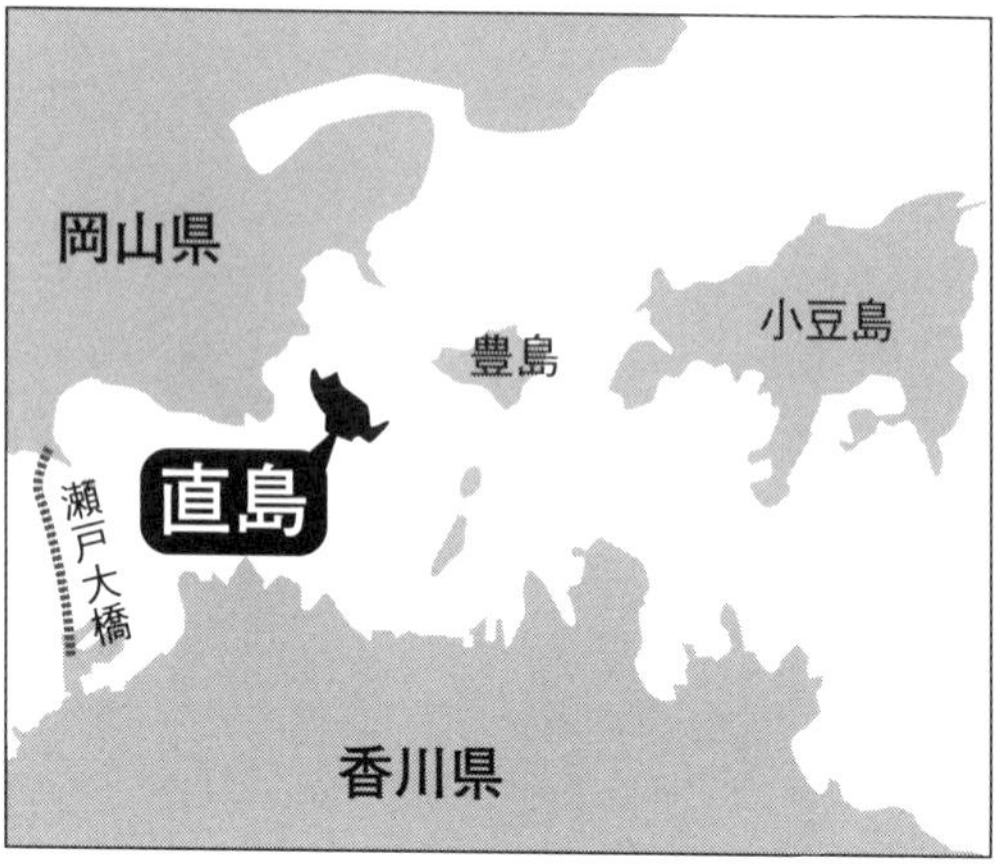

直島位置図

（消費削減）」、「リユース（再使用）」、「リサイクル（再生利用）」のすべての意味合いを含む、まったく希有な言葉なのです。

　マータイさんはケニア中部で農家の娘として生まれ、アメリカの大学へ留学後、ナイロビ大学で博士号を取得。ナイロビ大学初の女性教授となりました。ケニア全土で植林を行うなどの活動をしています。ノーベル平和賞の受賞は、アフリカ人女性として初めてのことでした。

　さて、「もったいない」の故国、日本は香川県直島。ここでは、今日も「もったいない」の精神が遺憾なく発揮されています。

　直島は、高松港からフェリーで約一時間の瀬戸内海の島。この島の中に、一九一七年に創業した現三菱マテリアル（株）の直島製錬所があります。この製錬所は、年間で約二二万五〇〇〇トンの電気銅を生産し、また、全国でもトップクラスの、貴金属の製錬所を擁しています。ここで、二〇〇四年に「有価金属リサイクル施設」が稼働を始めました。この施設が、「もったいない」の精神を実践しているのです。

廃自動車や廃家電は、シュレッダーダスト、廃基板などに仕分けされます。シュレッダーダストというのは、部品や、分離できる素材などを取り除いた残りを粉砕してできるクズのこと。微量ではありますが、ここに銅などの有価金属が含まれているのです。一緒に樹脂なども混ざっていますから、リサイクルが非常にむずかしく、これまではほとんどが埋め立てられていました。有価金属ごと、です。

ああ、もったいない。

これが社会問題となったのを受けて、二〇〇五年に施行された自動車リサイクル法で、このシュレッダーダストの適正な処理が義務づけられることになります。しかし、このシュレッダーダスト、形状も中身もさまざまですから、前処理を行う必要がありました。その前処理を行うためにつくられたのが、先の施設なのです。

ここでは、シュレッダーダストや廃基板を熔解して、余計なものを取り除きます。約一二〇〇度で焼却融解するためダイオキシンは発生せず、発生した排ガスも無害化されます。

余計なものを取り除いた状態で、お隣りの銅製錬設備に移されます。ここで粗銅にしたあと、電解製錬という工程をへて、純度九九・九九％以上の電気銅へと生まれ変わるのです。また、この電解製錬のときの派生物からは、金や銀も回収されます。この処理は貴金属工場で行われます。

ちなみに自動車のシュレッダーダストは、銅を約一％含むとか。微量といいつつ、かなりの

コラム

放射性廃棄物の保管に、期待される銅の耐久性

原子力発電所で使用済み燃料からプルトニウムやウランを回収したあとに残る放射性廃棄物は、使用後も高い放射能レベルが1000年以上続くといわれ、その間放射性物質が漏れ出さないように保管することが必要です。日本ではガラス固化処理をしたあと、冷却のため30～50年間地上で保管し、地下300メートル以上の深さの安定した地層中に埋設することが義務づけられています。しかし、日本は諸外国にくらべ地震が多いので、もし保管している期間中に大地震があっても耐えられるようにしなければなりませんし、また地中のさまざまな成分によって腐食せず、内部に水などが浸入しないようにしなければなりません。このように、地震や錆にも耐えられる丈夫な容器の研究が長年進められてきました。

1994年、大阪・下田遺跡からおよそ1800年前の弥生時代の銅鐸（どうたく）が発掘されましたが、これを調査したところ、表面がわずかに2ミリメートル程度しか腐食していないことがわかりました。このように長期間にわたって錆びなかったという例は、長い歴史の中で銅のほかにありません。そこで、銅を放射性廃棄物の容器として使えないかという研究が実施されました。

すでにスウェーデン政府は、原子力廃棄物の缶材に銅を採用することを決定。地下の花崗岩岩盤に肉厚975ミリメートルの円筒状の容器を埋め、10万年以上の耐久性が期待できるとのことです。カナダとスイスの両政府もこれに続くものと思われます。日本の研究のヒントは古来の銅鐸でしたが、銅と人間の長い歴史から生まれた知恵が、現代科学の最先端分野で役立っているというのはうれしい話です。

含有量です。

さて、香川といえば讃岐、天下のうどん処。讃岐のうどん屋さんのなかには、店員が注文をとりにくる一般のお店のほかに、セルフサービスのお店も多いのだそうです。客は自らざるに入ったうどんをお湯であたため、具や薬味は好きなものをとり、出し汁も自らかけます。こうした「客の役割」は店によってまちまちだそうですが、多かれ少なかれ客はなんらかの作業をしなければなりません。食べたあとも食器を自分で返しに行きます。ここで残った出し汁やうどんを捨てるべき場所に捨て、食器だけ返すわけですが、もちろんうどんを捨てるなんていうことはしないに限ります。せっかくの本場のおいしいうどん。もったいないです。

最古の貨幣は和同開珎、それとも富本銭？

世界で初めての硬貨投入式の自販機がどんなものだったか、みなさん知っていますか？　なんとなんと、紀元前二一五年のエジプト・アレキサンドリアの寺院におかれていたもので、「聖水」を自動販売していました。てこの原理を応用し、投入された硬貨の重みで内部の受け皿が傾いて、それが元に戻るまで水が出続けます。誰の発明かは記録がありませんが、きっとその時代の人たちは目を白黒させたに違いありません。といいつつ、わが国、日本もいまでは世界に名だたる自販機天国。缶ジュースや酒、タバコの自販機はいうにおよばず、缶入りおでん、冷凍すし、携帯電話の着メロやネイルアート自販機まであらわれる始末。古代エジプト末期の民衆の驚きは、いまも繰り返されているのです。

さて、もう一方の投入する硬貨の話。

遠い昔は物々交換でした。そのうち米や布、塩などが貨幣のような役割を担うようになります。約三〇〇〇年前には中国で貝が貨幣として使用されていました。いまでもお金に関係のある漢字、「財」「貯」「購」「買」「貨」などに貝の字が入っているのはその名残りです。やがて金属による貨幣が登場することに。世界最古の金属貨幣は紀元前八〇〇年ごろ、これもやはり中国で生まれています。青銅でつくられました。初めは、鋤《すき》などの農具や刃物の形につくられ、のちに円形のものが登場。中央に四角い穴をあけたもので統一されたのが、秦の始皇帝の時代です。この形はその後約二〇〇〇年にもわたって東アジアの金属貨幣のモデルとして受け継がれていくのです。わが国最初の通貨も、この形をしていました。

ほぼ原形で掘り出された富本銭

　わが国で最初の通貨といえば、長い間、和同開珎《わどうかいちん》とされていました。教科書でそう記憶した方も多いでしょう。が、一九九八年に奈良県の飛鳥池遺跡で「富本銭《ふほんせん》」と呼ばれる銅銭が発掘され、それまでの常識が覆されることになります。飛鳥池遺跡は、七世紀後半から八世紀ごろに営まれた工房の跡。金や銀、銅、鉄を素材として、仏具や建築金具、武具などが生産されていました。また、ガラスや漆製品、瓦などもつくられていた形跡があり、巨大な工業団地だったということがいえそうです。

　生産過程で生じた失敗品や破損した道具、炭や灰などが廃棄された地層がここで見つかり、調査の対象となりました。この廃棄物層はすべて持ち帰って分析されていくのですが、その総量は土嚢《どのう》一〇万袋にもおよんだといいます。この中からさまざ

飛鳥遺跡の全景

まなものが発見されました。考古学的にいうと、それは宝の山でした。

この調査で一番注目を集めたのが、なにを隠そう富本銭です。六八三年ごろに発行されたと推定されますから、そうなれば七〇八年の和同開珎をさらに遡る、日本で最初の通貨ということになります。

富本の文字は「国や国民を富ませる本（もと）は貨幣」という中国の故事に由来するとか。この遺跡で発掘される前から富本銭は貨幣研究家の間ではよく知られていましたが、発見されていた数も少なかったため、通貨ではなく、呪《まじな》いに使われる銭だと解釈されていました。それがこの遺跡で大量に発掘され、しかも大規模に鋳造生産されていたことから、見方が変わったのです。

材質は銅にアンチモンという物質を含み、これにより融解温度が下がって鋳造しやすくなるとともに、強度も高くなっているそうです。

それにしても、いったいどれくらいの「通貨価値」があったのでしょう。知るすべもありませんが、和同開珎については一枚（通貨単位は文）につき、米にして一・八キログラム、大人の労賃一日分、というところだそうです。ちなみに江戸時代の一両は、労賃換算でざっくり三〇万円前後。悪代官の千両箱は、さぞかし気分的にもずっしり感じられたことでしょう。

いまや子どもたちに「日本の通貨は？」とたずねて「電子マネー」という答えが返ってきても不思議ではない時代。なんでもお金で解決できるような風潮も感じますが、お金で買えないものの価値だけは変わらないでほしいですね。

コラム

いまでも使える硬貨は35種類！

いろいろな人の手に触れ、雑菌の巣窟にもなりかねない貨幣。古くから先人たちは生活の知恵で抗菌力をもつ銅を貨幣の材料として使ってきました。現在、わが国で使用できるお金は、紙幣で25種類、硬貨では35種類もあるのを知っていましたか。

私たちが日ごろ手にする硬貨は、１円玉（アルミニウム製）を除いて素材はすべて銅合金です。色を見てすぐにわかるのが10円青銅貨（100分率組成　銅95、亜鉛３～４、錫１～２）、そのほか５円黄銅貨（銅60～70、亜鉛30～40）、50円白銅貨（銅75、ニッケル25）、100円白銅貨（銅75、ニッケル25）、500円ニッケル黄銅貨（銅72、亜鉛20、ニッケル８）。銀色をしている硬貨もじつは銅合金なのです。海外の硬貨もほとんど銅合金製です。ユーロ硬貨も同じで、表面は共通デザインですが、裏面は発行するそれぞれの国がデザインしたユニークなつくりとなっています。

今日もどこかでピカッ、ゴロゴロ――避雷針

海外旅行などで飛行機に乗り、南の島の上空一万メートルあたりでふと窓から見下ろすと、積乱雲の上を飛んでいることがあります。すぐ間近まで迫って見える圧倒的に巨大な雲の中で、ピカッと光るいく筋もの雷。いつもと違うアングルから見る雷に、畏怖《いふ》の念を禁じえません。

世界では、今日もあちらこちらで雷が鳴り響いています。その数、なんと一日に約四万〜五万個。おしなべて二秒に一回、地球のどこかに落ちている計算になります。夏の日の遠い雷鳴はどこかなつかしい風情がありますが、世界一の多発地帯、アメリカのフロリダのように、雷雲が一年に一〇〇日以上も襲ってくる地域ではそんなことはいっておれないでしょう。日本でいえば北関東、群馬や栃木はとくに夏の雷が多く、雷の銀座通りの異名もあるほど。中部山岳地帯も多く、年間で三〇日以上も雷雲ができるといいます。

雷は、雷雲の中に蓄えられた膨大な電気エネルギーが、空気を破って地表へ流れ込む現象。ピカッと光ってゴロゴロゴロと鳴る、その一回のピカゴロで発生する電力は、三〇〇〇〜八〇〇〇

キロワット／時と推定されています。一般家庭での電気消費量と比較すると、一回当たり、二〇～五〇軒の家庭の一か月分の量に換算されます。

雷の「ピカッ」の理由は、もともと電気を通しにくい空気のなかを、電気が強引に通っていくため、大変な高熱と光を発する、その光のせい。時間にして一〇〇〇分の一秒ほどの瞬間の出来事です。その温度は二万度から三万度にも達するため、空気が急にふくらんで、真空状態となります。このときの衝撃と、ここに対して再びまわりの冷たい空気が流れ込むときの振動とで、雷鳴が生まれます。これが「ゴロゴロ」や「バリバリ」の正体。

雷は大きく分けて三種類あるとか。

真夏、地上の空気が熱せられて上昇気流が発生します。水蒸気が上昇してやがて水滴になり、温度がマイナス二〇度以下の冷たい領域に達すると、氷の結晶に変化します。このとき、雲の中でプラスとマイナスに分かれる現象が起こり、電気が生じます。雷雲の誕生です。このタイプがまず、「熱雷」と呼ばれるもの。このほかに、前線の影響で生じるものを「界雷」、台風のときに発生する「渦雷」があります。

地上にドカンとくるときの電圧は約一〇億ボルトといいますから、想像を絶するパワーです。もちろん人間はひとたまりもありません。

ここで銅がお役に立ちます。「避雷針」です。

雷はたいてい高いところ、とがったところに落ちやすいため、あらかじめ落ちやすくして

ビル屋上に設置された避雷針

寺院に設置された突針と受雷導体

雷を誘導するのが、避雷針の役目。ここに銅の材料がたくさん使われているのです。

まず、先のとがった棒の部分。「突針」といいますが、この針の部分は銅の棒、これを支える部分は黄銅の棒となります。雷が落ちて受けた電流が流れる「避雷導線」という部分には、二ミリメートルの銅線を一九本より合わせたものが用いられます。これら部品を取り付けるための金具などにも、黄銅の材料が使われます。

流れていった電流は最終的に地中に放電されますが、地面に接する部分の材料は銅板や銅被覆棒……。というように、雷を受けてから地中に放電するまで、電気は一貫して銅の中を通っていくのです。

銅は電気を通しやすい性質をもちますし、耐久性がいいという特性は、避雷針が屋外に設置されることに対して好都合です。

ちなみに、避雷針は「避雷設備設置関連法」という

法によって、二〇メートルを超える高さの一般の建物には必ず設置しなければなりません。危険物を貯蔵したり取り扱ったりする建物は、二〇メートル以下でも設置が求められます。避雷針を設けることで、突針から六〇度の角度内の円錐形部分が保護されるそうです。

まわりに高い建物やとがったものがない場合は、雷はどこにでも落ちます。サッカー場に落ちたり、海にも落ちるそうです。突然落ちてびっくりするのは、おやじの雷と同様かもしれません。

といいつつ、最近は雷おやじがめっきり少なくなりました。これに対して、日本における雷のメッカ、栃木県の県警では、非行少年対策として「雷おやじ養成講座」を開催している模様。さすがです、栃木。目の付け所がピカイチです。

幕末の軍艦「開陽丸」をそのまま海中保存

中世の時代から貿易港として栄え、いまも港に大小さまざまなヨットが浮かぶ町、オランダのドルトレヒト。アンティークショップが建ち並び、思わず散策を楽しみたくなる、のどかなたたずまいの町並みです。人口は一一万人余り、サッカーのオランダ二部リーグ、FCドルトレヒトが町の自慢。この静かな町で、一八六六年、一艘の軍艦がつくられました。

復元された開陽丸

その名は「開陽丸」。時の政府、徳川幕府からの発注でつくられ、最後には北海道、江差沖で座礁、沈没するという最期をとげました。

二五九〇トン、長さは七二・八メートルにもおよびます。乗員は三五〇〜五〇〇名。大砲は二六門取り付けられました。このころの欧米の大砲は、ドイツのクルップ砲とイギリスのアームストロング砲が主流だったといいます。開陽丸は列強で人気の高かったクルップ砲を装備。これにより、世界的に見ても最新鋭の軍艦でした。

オランダを出航した開陽丸は、大西洋を南下してリオデジャネイロに立ち寄り、燃料を補充。アフリカの南を通過してインド洋を経由、横浜をめざしました。

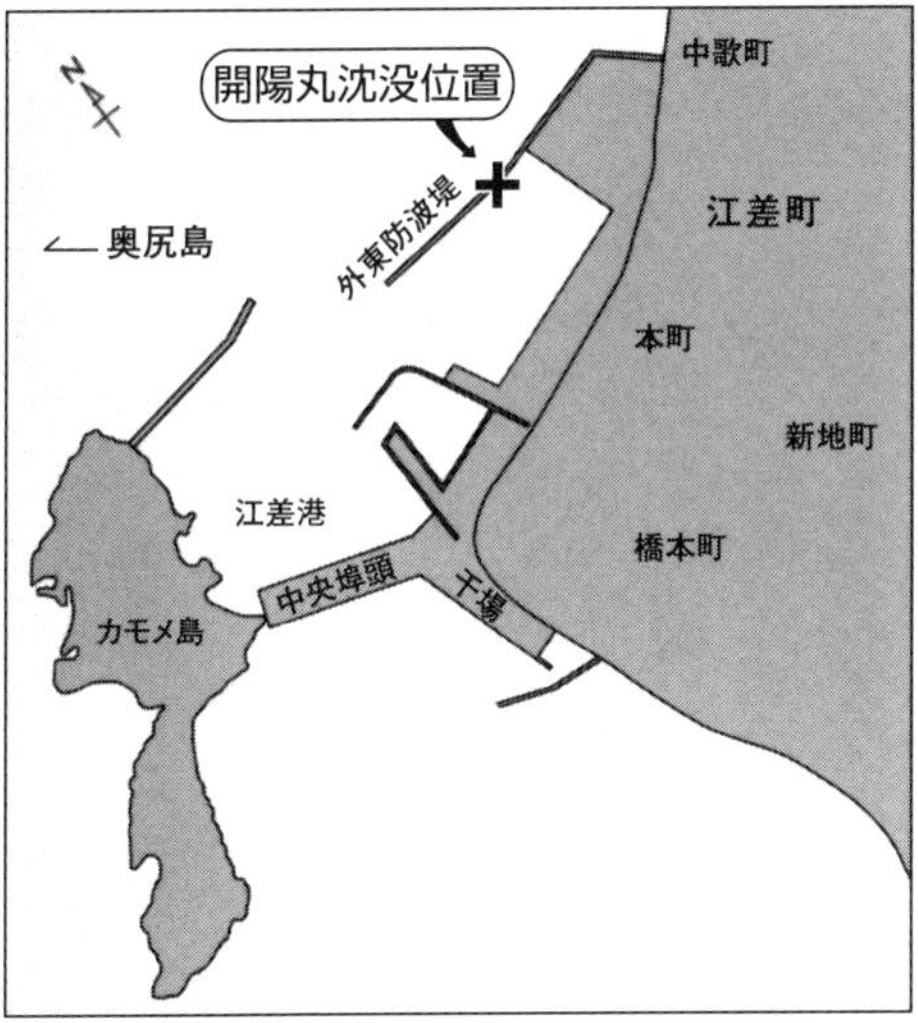

開陽丸沈没位置図

最強の軍艦、開陽丸が日本に到着したのは、つくられた翌年の一八六七年、時はすでに幕末。近代化を進めた新政府軍にくらべて幕府軍の軍備が劣っていたとする説もあるようですが、幕府軍も軍の西洋化に早くから取り組んでおり、とくに海軍の軍備に力を入れていました。その海軍の象徴が開陽丸だったのです。しかし、この軍艦が日本にきて約四か月後に大政奉還となって、徳川幕府が握っていた政治の実権は新政府に移り、開陽丸を含めた軍艦などもすべて引き渡されました。

旧幕府の家臣、榎本釜次郎（武揚）らが開

陽丸ほか八艦を奪って品川から出航し、「えぞ共和国」を夢見て蝦夷《えぞ》地（北海道）をめざしたのは翌一八六八年のこと。到着後、難なく箱館を制圧し、江差への攻撃にとりかかりますが、この江差で開陽丸は座礁、沈没し、旗艦を失った榎本軍は弱体化。やがて降伏へと至ります。

建造からわずか

コラム

世界の切手に「銅」の絵柄

リアルタイムの言葉ではありませんが、距離や時間を超えてあたたかさを届けてくれるものがあります。

手紙です。

手紙を送るには、もちろん切手が必要ですね。この切手、イギリスの郵便制度の改革を主張した、ローランド・ヒルによって1840年に生まれました。のちに「切手の父」と呼ばれる人物です。

当時の手紙は、宛名を書いた面に料金を払ったことを示す印や日付を押していました。切手の誕生は、この作業の簡素化に大いに役立ちました。

切手は世相を反映するツールでもあります。鉄道、船、動物、人物、美術……。「銅」をテーマにした絵柄も多く、銅鉱石や製錬、銅器などの絵柄が世界中で採用されています。銅がいかに私たちのくらしに深くかかわってきたか、切手の絵柄からもうかがえます。

キプロス（1994年）
古代の銅冶金

フィンランド（1983年）
自溶炉

ジンバブエ（1993年）藍銅鉱

一年七か月、激動の時代を満帆で疾走し、ようやく海深く、静かな眠りについた開陽丸。が、時を隔てた一九六七年、今度は「海中遺跡」として再びスポットライトをあびることになるのです。

予備調査をへて、本格的な調査、発掘が始まったのは一九七五年でした。ここからの一〇年間で、三万点を超える遺物が発掘されることになります。大砲、砲弾、刀、ピストル、ナイフやフォーク……。「海中遺跡」の発掘は、それまで日本では例がありませんでした。一般の考古学のノウハウがまるで通用しない「水中考古学」なのです。

海中調査

とくに課題となったのが、発掘したあとの遺物の腐食の問題です。長い間海中にあった遺物には塩分がしみこんでしまっているため、地上に引き上げてからの腐食の速度がはやいのです。そこで行われたのが、遺物の中の「塩分を抜く」作業。もちろん、遺物の素材ごとに処理の方法が異なりますから、水中考古学のノウハウの蓄積には多大な時間と考察が重ねられていったのでした。

こうして発掘は続けられましたが、船体も含め、開陽丸の中に遺された物の量はいかんせん膨大です。また、発掘したとしても、それを保存しておく経費もばかになりません。そこで必然的に、「開陽丸を〝そのまま〟海中に保存しておこう」ということになりました。すべて引き上げてしまえればそれに越したことはありませんが、経費の面でそうはいかない、となれば、開陽丸をできるだけ現状のまま、海中に保存しておこうというわけです。

ここで役立ったのが銅。腐食を防ぐ性質が利用されたのです。

古くから、木造船には腐食を防止するために、ポイントとなる部分に銅板が張り込まれ、それが効果を上げていたので、まずその方法が検討されました。が、海中での銅板張りは作業が困難なので、銅のネットをかぶせる方法に方向転換。あらかじめ、欅《けやき》、松、楢《なら》、桧葉《ひば》の四種類の木材について試験を行い、効果を確認しました。銅ネットがない場合はフナクイムシやキクイムシにやられてしまいますが、銅ネットがあればその防止効果は抜群でした。

もちろん銅以外での保存方法、たとえば防腐剤を塗装する、などの方法もありましたが、船体が沈んでいるのは浜からすぐ近くでしたので、環境によいもの、安全なものが求められた結果、やはり銅でなければ、との結論に落ち着いています。

開陽丸は一九九〇年、江差で原寸大に復元され、発掘された三万点以上の遺物はそこに展示されています。それら徳川の遺物たちにとって、この展示室が旅の終わりの安息の場となったのです。

天智天皇の水時計を動かしたのは「銅管」

大和路は万葉ロマンのてんこ盛り！

ガイドブックもなく大和路をそぞろ歩きます。日がな一日、気分にまかせて史跡をめぐってみると、その多さに驚かされます。私鉄の駅頭には「サイクリングで行く半日遺跡めぐり」や「遺跡をたどるハイキングマップ」などなど。

めぐり疲れた足をひきずり駅へと向かう帰りの畦道。T字路の片隅に古ぼけた木碑が一つ。そこに書かれた文字になにげなく目をやると「太安万侶《おおのやすまろ》の墓」とあります。彼の人の墓がこんなところにぽつねんとあるなんて……。大和路はそんな発見に事欠きません。とりわけ明日香のそれは人後に落ちません。

一九八一年一二月のある日の朝刊各紙に、トップニュースで大きな活字が躍りました。「天智天皇の水時計か？　飛鳥時代の七世紀中頃に造られた楼閣状の建物跡―水落遺跡の発掘調査中、日本書紀に登場する中大兄皇子（後の天智天皇）が作った水時計跡が発見された」

もう一つの驚きは、その発掘現場から水時計に水を送ったと思われる大小二種類の銅管が発見されたことです。しかもその後の調査によると、この銅管は国産銅を使ったもので、現在とほとんど変わらない製造法でつくられていることがわかりました。いまから一三〇〇年以上も前にそんなハイテク技術があったことがまた驚きです。

発見された銅管は、排水用の木製の樋《とい》と一緒に見つかった直径九ミリメートルのものと、建物の中心部に近い取水用と見られる樋に差し込まれていた直径三センチメートルほどのラッパの形をしたものでした。サイフォンと同じ原理で、銅管を通して水を建物の上部へ引いていたようすが見られました。水を運ぶための機能をもった銅管としては、わが国最古のものといえます。

ラッパ状銅管

ラッパ状の銅管は先の広がったラッパ部分と円筒形の銅管を継ぎ合わせ、そこに帯状の銅板を巻いて鋲《びょう》で固定してから、接点すべてに銀をベースにした接合材（銀ろう）を流し込んでいました。また、細い径の銅管は厚さ一ミリメートル前後の銅板を丸めてつくっています。わずかに重なり合った銅板同士は、やはり銀ろうで接合されていました。

現在、建物内や地中埋設などの配管に使用されている銅管の接合には、一般的に銀ろうが使用されていますが、すでにこの時代、いまと同じ接合法が開発されていたのです。

また、銅管には長さ約八〇センチメートルおきにやや太い部分があり、この長さの管を継ぎ

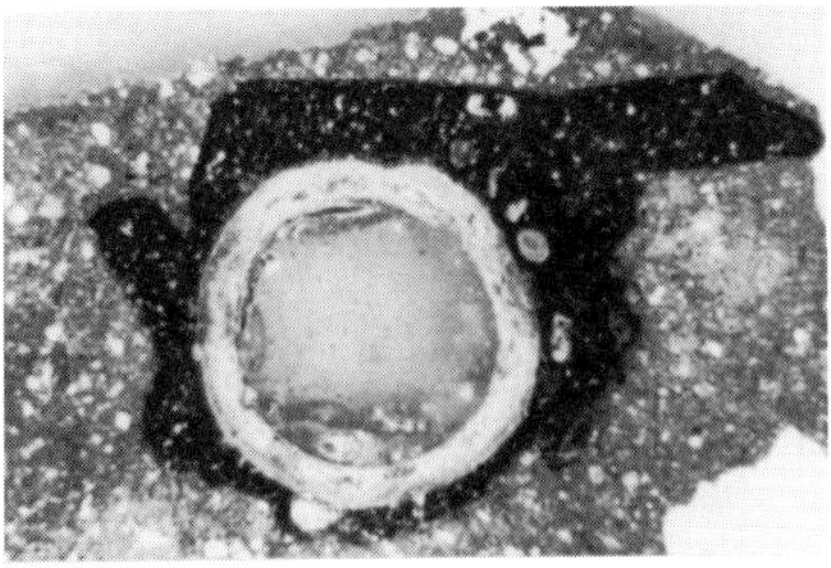

細径銅管の断面

足して長い管にしていったものと思われます。円筒形への成形は、木型などにアールのついた穴をあけ、次第にアールの大きくなる木型を設け、その中に銅管を通し、U形からO形へと丸めていく加工法でつくられたと考えられました。

また、これらの成分を調べたところ、銅と鉛の含有率が当時主流であった中国のものとは大きく隔たり、別子銅山のものと酷似していました。この含有率でかなり正確に産地を特定できるため、国産の銅を使い、国内でつくられた銅管だと考えられたのです。

この天智天皇の水時計は政《まつりごと》の中心に据えられていました。

庶民が時間など知る由もなかったこの時代に、水時計は正確に時を刻みました。水時計が据えられていた建物の上層階には時を告げる鐘がおかれ、定刻になると都の人々に高らかに時を告げたのです。権力の象徴の音だったに違いありません。

天智天皇によってわが国で初めて中央集権化が進められましたが、その一翼を担い、時を司ったのが「水時計」だったのです。

大和路に立ち、澄みわたった青空を見上げると、都じゅうに響きわたる時を告げる鐘の音が蘇ってくるようです。

はがね山の「銅御殿」から原子時計の「時」を送信

天才の発見は、あとで考えてみるととてもシンプルです。

一五八三年、ガリレオ・ガリレイはある事柄に注目します。それは、振り子の周期は振り幅によらず一定である、ということ。この発見が、のちに振り子時計の発明に結びつきました。やがて人類は、水晶振動子の「一秒間に三二七六八回振動する」という性質をもとにクオーツ時計をつくり出します。そして近年になって、さらに正確な原子時計をつくりました。ここにはセシウム原子の振動が用いられています。

クオーツ時計は一か月に一五秒ほど誤差が生じますが、原子時計は数十万年に一秒程度という正確さ。ならば、みんなの腕にはクオーツ時計ではなく、原子時計が巻かれるべきなのに、とお考えのあなた。

まず、原子時計はとても巨大です。腕に巻けません。次に、恐ろしく高価です。

そこで考えられた方法があります。原子時計で刻んだ時間を電波にのせて、日本中のクオーツ時計に知らせるようにしよう。時計がそれをもとに自動修正できれば、いつも正確な時間を刻むことができる。いわゆる電波時計です。

時間合わせをしなくてもよいので人気を集め、最近では腕時計だけではなく、掛け時計や置き時計など、次々と新製品が開発される活況ぶりです。電波時計の「電波」は、標準電波送信所というところから発信されています。以前は福島県にある送信所が、全国の電波時計に向けて発信していましたが、より安定した送信をめざし、南西諸島までもカバーしようという目的で、二〇〇一年にもう一つの送信所が西日本につくられました。佐賀と福岡の県境に位置する「はがね山」がその場所です。

日本の標準時は、東京都の小金井でつくられています。ここにある一五台の原子時計から、さらにわずかな時刻差を平均化し、東経一三五度の地点（兵庫県明石市）の、日本の標準時を定めます。

かつては地球の自転を利用して「一秒」がつくられていましたが、じつは地球の自転自体にゆらぎがあるのだとか。そこで一九六七年に、原子時計を用いたいまの「一秒」が採用されるようになったそうです。ところが困ったことに、その正確さが逆に不都合になってしまいました。それは、地球の自転にはゆらぎがあって、もともと正確ではないため、実際の太陽の動きと原子時計との間に差が生じてしまったのです。つまり、東経一三五度上では、正午には太陽は真南になければならない、なのに実際はそうではない、という誠に不正確な状況です。この誤差をなんとか〇・九秒以内にしようと、「うるう秒」がつくられました。これまでに三〇秒

アンテナ。ここから電波が発信されます

はがね山標準電波発信所整合器室。
銅板ですべてシールドされています

以上の「うるう秒」が加えられているといいます。

さて、はがね山の送信所をのぞいてびっくり。ここは、「銅御殿《あかがね》」とも呼べる、銅尽くしの建造物なのです。

まず、時間の送信信号をアンテナに伝える「整合器室」という部屋。ここは強電磁界域となるため、内壁すべてが銅板でシールドされています。普段は人間の立入りも禁止されている部屋です。銅でシールドすることによって、アンテナからの強力な電磁波が室内へ入らないようにし、また室内に発生する強度な高周波磁束を外へ漏らさない役割も果たします。雷が落ちた場合にはアースにもなります。また、床にも銅板を敷きつめることで、床下からの電磁波もさえぎられま

はがね山の「銅御殿」から原子時計の「時」を送信

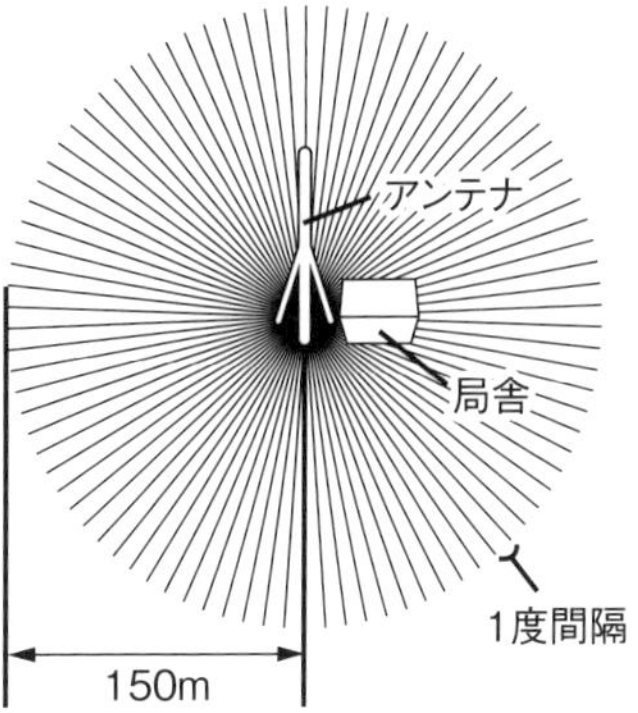
アンテナを中心に1度刻みで360本のラジアルアースが周囲に張り巡らされています

ラジアルアース概念図

コラム

時代の最先端を支える、古くて新しい金属

ふらっと立ち寄った電気店。店頭には携帯電話の新機種がずらりと並びます。めまぐるしい商品展開は、いまの時代のスピードを表しているのでしょうか。最新だと思っていた機種はあっという間に古い型となってしまいます。新しい機能、新しいサービス、新しい携帯電話会社、もうなにがなんだか……。

時代の最先端を走る携帯電話には、多くの銅が使用されています。おもに携帯電話のプリント基板などに使用されています。携帯電話のプリント基板は、薄い配線板を何層も積み重ねた多層板になっており、ここに銅箔が使用されています。銅箔の極薄化によって、より微細な回路を可能とし、携帯電話の高機能化に貢献しています。

このほかにも、パソコンやデジタルカメラ、テレビ、ゲーム機など、いまをときめく情報機器に銅は多用されています。たとえば情報機器の心臓部にはパワー半導体という部品がありますが、ここには導電性と放熱性にすぐれた銅が不可欠です。はるか紀元前から使用されてきた銅は、現代において、最先端の技術を支えているのです。銅が「古くて新しい金属」としばしば表現されるのはここからきています。

す。

銅板は、整合器室だけで六〇〇平方メートル。建物全体では、銅板と銅メッシュまで含めると約四三〇〇平方メートルの使用量に達します。導電性、加工性、強度、そしてコスト。どれをとっても、銅は電磁波シールドとして最適な素材でした。

銅はさらに建物の地中にも埋められています。アンテナを中心に、一度間隔で三六〇度、放射状にラジアルアース銅線が布設されています。これはアンテナのパワーをより強くする役割を果たしています。ここで使用されたアース銅線の長さがおよそ五五キロメートルといいますから、驚きます。

近年では一般の家庭にある電子機器について、そこから生じる電磁波の人体への影響が心配されていますが、そこでもシールド材としての銅がもっと活躍するかもしれません。

金管、木管、銅の響き

アメリカの南北戦争は、黒人に自由と楽器を与えました。

ルイジアナ州ニューオーリンズ。南北戦争のあと、南軍はここで解散し、軍楽隊の楽器がこの地で数多く手放されました。それらは安価で手に入ったため、自由とともに黒人たちは演奏の喜びを手に入れることができたのです。南部には黒人が多く住んでおり、一帯はフランスの植民地でもあったため、もともと西洋音楽と黒人音楽が出会い、融合する土壌がありました。港町の歓楽街が広がるなか、ミュージシャンとしての仕事もここにはふんだんにありました。

ジャズは歓楽街を求めて広がっていきます。ニューオーリンズからミシシッピー川を北上してシカゴ、そしてニューヨークへ。いまでは世界のどこにいてもジャズの演奏を聴くことができます。世界でもっともポピュラーな音楽といっても過言ではないでしょう。

ジャズを構成する楽器はドラムなどの打楽器、ピアノ、コントラバス、ギターなどの弦楽器とともに、ビッグバンドでも活躍するサキソフォンなどの木管楽器、トランペットなどの金管楽器があげられます。これら楽器の中に、じつに多様に、銅が使用されているのをみなさんご存知だったでしょうか。

　銅と音楽との出会いは太古にまで遡ります。エジプトのツタンカーメンの墓から、銅製のトランペットが発掘されているとか。現在のような、銅を使った本格的な管楽器がつくられるようになったのはルネサンスの時代です。

　楽器に使用される銅の合金、真鍮は、適度に硬く加工性もよいのが特徴。抗菌作用がありますから、口に直接触れても安心で、なによりも金にくらべて入手しやすかったことが、管楽器の材料に選ばれた理由と考えられます。「金に同じ」と書いて銅。文字どおり、金の代替品として、見た目にも機能的にも、材料として満足できるも

コラム

全国で21万台も走っていた人力車

　最近、観光地などで見かける人力車。生まれたのはいまから130年くらい前の明治初めのこと。明治２年に職人３人が考案し、翌年に製造・営業許可を出願したという記録が残っています。スタイルと利便性が評判をよび、明治４年末には１万台に急増。さらにブームは全国に広がり、明治29年には21万台にも達し、まさに庶民の足となったのです。これをピークに、自動車の普及などにともなって衰退し、現在では全国で550台、観光地などでしか見られなくなってしまいました。

　この550台のうち、８割強の468台をつくったのが、静岡県伊東市にある㈱升屋製作所社長の河野 茂さん。

「人力車の部品は全部で573個。このうち車輪とばね以外はすべて真鍮、青銅などの銅合金。乗って楽、引いて楽の人力車づくりを考えていくと、軽く、加工性のよい銅合金に行きついたんです」

　スピード化、なんでも合理化の時代に「遅いぜいたく」を人力車で味わってみてはいかが。

各種の金管楽器

のだったのです。
銅の管楽器は、明治維新のころに日本に入ってきました。薩摩藩の吹奏楽団のために、イギリスやオランダから持ち込まれたといいます。その後日本各地でブラスバンドが結成されることに。ちなみに「ブラス」は英語で真鍮《しんちゅう》の意。真鍮楽団といったところです。
日本で管楽器生産のメッカといえば、静岡県の磐田市。世界の「ヤマハ」ブランド誕生の地です。ヤマハ(株)では、管楽器の種類やグレードによって、黄銅、白銅、洋白といった合金を使い分けています。
量産品は機械でつくられますが、高級な楽器になると、人が木槌《きづち》をふるって丹念に仕上げていきます。人がたたいてつくるから、世界に二つとない楽器ができ、その響

熟練技術者が木槌を使って、１枚の銅板からたたき出します

きも独特なものになっていくのだとか。高精度なマシンやコンピューターによる最先端の技術と、熟練したクラフトマンによる伝統的な手法が合わさって、名器はつくられていくのです。

しかし、どのように熟練した職人でも「どんな音を出せれば最高なのか」という問いに対しては明確な答えを出せないのだそうです。さまざまな成分の合金で試作品をつくり、何度試験を重ねたとしても、あるレベルからは数値で測定できないレベルに達するのだとか。

奏者は、演奏している音の三〜四オクターブ上の音を無意識に聞いており、その音の振動が速く伝わってくると「レスポンスのよい楽器」と感じるそうです。このように、楽器のよし悪しを決める基準はきわめて感覚的で、計測された数値ではとても太刀打ちできないのだそう。だからこそ、ここではいまでも木槌をふるう「人の手」にこだわり続け、感性に腕で応えてい

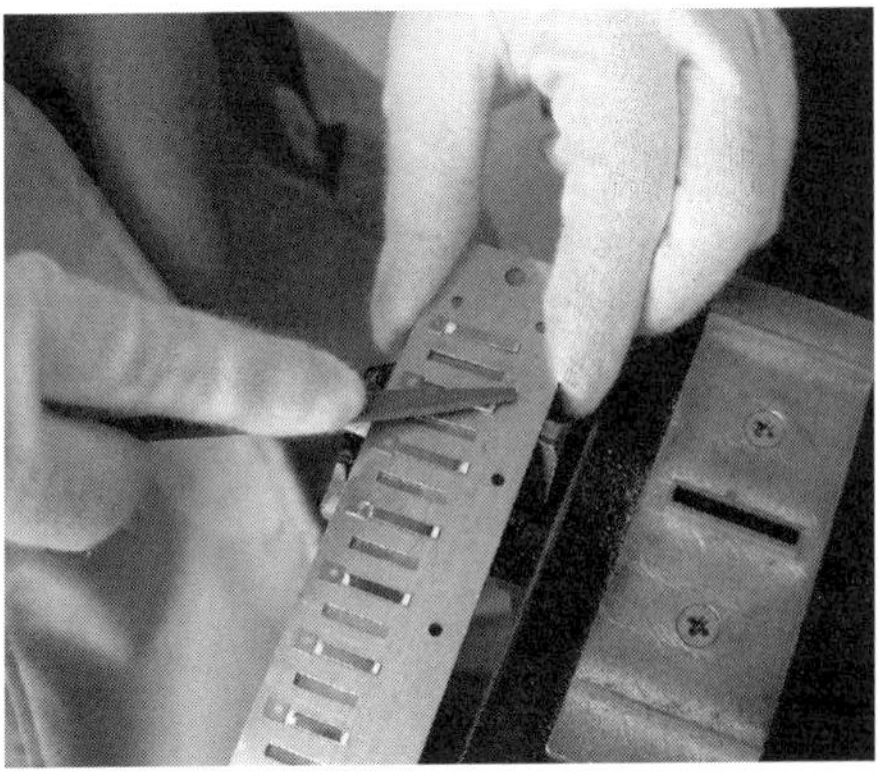
ハーモニカのリード加工

るのです。まさに腕の見せどころです。
さて、管楽器とともに、ご存知のハーモニカにも銅が使われています。
ハーモニカは一八二一年にドイツで原型が生まれ、日本で国産第一号がつくられたのが一九一〇年。まだまだ歴史の浅い楽器です。このハーモニカの部品の一つにリードという、空気を吹き込むことで振動して音を出す、肝心要《かんじんかなめ》の部分があります。その素材が銅。ここではたいてい黄銅が使われます。金や銀では柔らかすぎ、鉄では硬すぎて吹くのが大変なのだそうです。
人が吹く息の繊細さ、ダイナミックさを表現するには、やはり黄銅製のリードが一番なのだとか。ここでは「金に同じ」ではなく、「金に勝る」と書いてもよさそうです。

ワールドカップに響き渡る銅製ホイッスル

下校途中の空地で、公園で、学校のクラブ活動で……。サッカーは、男の子なら誰もが（もしかしたら女の子も？）一度は経験したことのあるスポーツでしょう。そんな馴染み深いサッカーの、世界最高峰の大会が「ＦＩＦＡワールドカップ」。それぞれの国を代表するスター選手が集う大舞台ですが、そこにはすべての選手の頭が上がらない、隠れた主役がいます。「ホイッスル」です。

ホイッスルは、レフリーが試合をコントロールするために必要不可欠な道具。オーケストラにたとえるなら、指揮者がもつタクトにあたるものです。指揮者であるレフリーは、ルールに則って円滑に試合をコントロールす

さまざまなスポーツで使用される銅製ホイッスル

るため、ホイッスルを用います。選手たちにとってその判定は「絶対」。ですから「レフリーのさじ加減」、ホイッスルのひと吹きが、よくも悪くも試合を左右してしまうのです。

競技人口二億五〇〇〇万人を超えるとされるサッカー界の頂点を決めるワールドカップで、いくつもの名勝負を生み出し、何百という試合の勝敗を下してきたホイッスル。しかし、そのホイッスルがきっかけとなった、歴史的な大誤審も記録されています。

一九三〇年のワールドカップ第一回大会、南米チーム優勢と予想されていた大会で、孤軍奮闘を続けていたフランスの対アルゼンチン戦。なんと審判が試合終了のホイッスルを六分も早く鳴らしてしまったのです。これには観客も大激怒。すでにロッカールームで着替え始めていた選手たちをフィールドに呼び戻したというから笑えません。そのほかにも、FIFA創立一〇〇周年を記念して製作されたオフィシャルDVDには、「W杯十大誤審」と題し、世間を騒がせた疑惑のシーンを収録しています。代表的なものに、八六年のメキシコ大会、アルゼンチン対イングランド戦でのマラドーナの「神の手ゴール」があります。0対0で迎えた後半六分、ゴール前の空中戦でゴールキーパーと競り合ったマラドーナは、会心のヘディングシュートでゴールネットをゆらしました。しかし実際はハンド。あまりにも素早い動きだったため、マラドーナが手を使ってシュートしたことをレフリーは見逃してしまったのです。マラドーナはこのシーンを振り返り、「あれは神の手だ」と、解説したことから「神の手ゴール」と語られるようになりました。

レフリーの誤審といえば、さまざまなスポーツでよく聞かれる話。二〇〇六年の第一回「ワールド・ベースボール・クラシック（WBC）」、日本対アメリカ戦では、日本チームのタッチアップでの生還に対して離塁が早かったというアメリカ監督の抗議によって判定が覆り、この試合で手痛い一敗を喫してしまいました。また、誤審を防ぐため導入された大相撲のビデオ判定は、一九六九年、横綱大鵬の四五連勝という大記録が誤審によって途絶えてしまったことがきっかけだといわれています。

ワールドカップに話を戻しましょう。日本のワールドカップ初出場は、九八年のフランス大会。前回大会の「ドーハの悲劇」から四年越しの願いがかなった瞬間でした。そしてもう一人、同じ年にワールドカップの檜舞台に立つ日本人がいました。国際主審の岡田正義氏です。国際

主審は国際試合を担当する熟練したレフリーたち。世界に約一〇〇〇人いるといわれていま
す。ワールドカップで笛を吹けるのは、その中から厳しい選考をクリアーした、たったの三四
人だけ。岡田氏は、超難関の選考会を見事クリアーしたのでした。

このフランス大会で岡田氏が使っていた銅製のホイッスルは、東京の下町、葛飾区亀有にある小さな町工場、野田鶴声社でつくられたものでした。

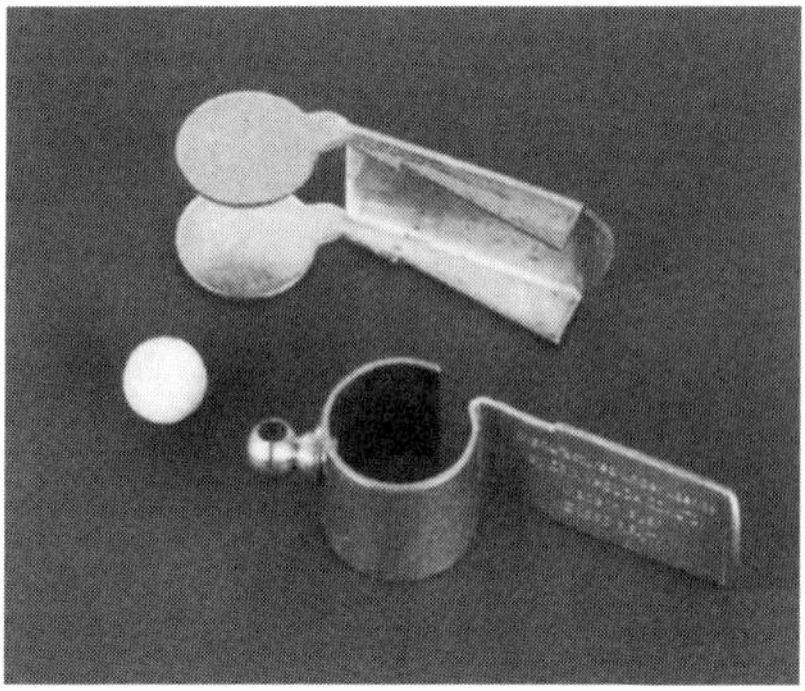

銅とコルク球でつくられるホイッスル

同社がホイッスルの開発を始めたのは六八年のこと。当時、世界一と評されていたイギリスのハドソン社の高く澄んだ音を目標に、何度も何度も試行錯誤を繰り返しました。そして生まれたのが、銅合金とコルク球からなるホイッスル。コルクはポルトガルから取り寄せ、コルク割れの原因となる唾液の付着を防ぐために、コルク表面をコーティングし、真円に近い形に加工しています。軽く吹くだけで高く澄んだ音を出せる名品です。見た目も美しく、銅、ニッケル、クロムの三層めっき、さらに一三工程もの鏡面仕上げを施されました。そして特筆すべきは、そのほとんどの工程が手作業だということ。まさに職人技の結晶です。

のちに、このホイッスルは海外で高く評価されることになります。

七五年には、フランスの工業技術検査のホイッスル部門で、堂々の一位を受賞。八二年のスペイン大会、八六年のメキシコ大会のワールドカップでも正式採用され、九一年には世界一と称されたハドソン社から契約の依頼もありました。日本の下町で生まれた銅製ホイッスルが、世界の頂点を制したのです。

運動量の多い選手でも一試合の走行距離は約一〇キロメートル程度といわれるサッカーの試合で、平均一二キロメートルも走り試合をコントロールするレフリーの神器、ホイッスル。あまりにも出来がよいことから、野田鶴声社のホイッスルは鼻息でもきちんと鳴るそうです。

銅——永久に、モニュメントとともに

いままで、モニュメントがつくられなかった時代などなかったかもしれません。人は、なにかとモニュメントを残します。

古代エジプト、ギザにあるクフ王のピラミッド。農閑期における公共事業としてつくられたという説が有力ですが、一九七八年に日本の大手ゼネコンが、現在の技術を用いてピラミッドをつくったとしたら、という試算を行いました。それによると、総工費は試算当時の価格で一二五〇億円。工期は五年、最盛期の労働者数三五〇〇人という数字が導き出されたそうです。二一世紀を迎えたいまなら、もっと効率的に建てられるのでしょうか。いずれにせよ、それだけのパワーを投入して、エジプトの王は何十世紀もの長きにわたって世界で一番高い建造物となる遺物をつくりあげました。建造当初で一四六メートル。この高さが破られるのには、一八八九年のエッフェル塔の建造まで待たなければなりませんでした。

エッフェル塔は、パリで開催された万国博覧会のモニュメント。当初は万博が終わったら解体される予定でしたが、軍事用の無線電波を発信する目的で残され、現在に至っています。放

緑青の美しい自由の女神

送用アンテナがあとでつけられたため、建造当初よりもちょっとだけ背が伸びて、三二四メートルの高さ。一九九一年、エッフェル塔とセーヌ川の一帯は世界遺産に登録されています。ちなみにこのエッフェル塔、万博に間に合わせるために約二年という驚異的なスピードで建てられ、しかも事故による死者を一人も出さなかったのだそうです。

　同じくパリにあるエトワール凱旋門はナポレオン・ボナパルトの命によって建てられ、完成したのは一八三六年のことでした。が、すでにナポレオンはこの世になく、彼がこの門をくぐったのは、のちにセント・ヘレナ島からパリへと改葬されたときだったといいます。

　ところで、アメリカのニューヨークにあるお馴染みの自由の女神像が、このパリにもあることをご存知でしたか。ニューヨークのものは、もともとフランスがアメリカに贈ったもの。そのお返しにと、パリに住むアメリカ人たちが贈り返したものなのです。セーヌ川の橋のたもとにそびえています。

　ニューヨークにある自由の女神は、一八八六年に、アメリカ合衆国の独立一〇〇周年を記念

コラム

マンハッタンは銅の島？

マンハッタン島はニューヨークの中心地。ここから発信される、経済や政治、ファッション情報はたちまち世界に広まります。建築の世界でも同様らしく、斬新なデザインのビルがここに建てられると、まもなくそれを模したビルが日本にもお目見えするのだとか。

マンハッタンの建物の「銅」の使用量には目を見張るものがあります。たとえば1913年に建設されたグランドセントラルステーション。このターミナル駅では、窓や壁面、切符売場の面格子から、階段の手すり、案内板、照明、回転扉など、あらゆる場所に銅が使用されています。それはまた、マンハッタンのどこでも見られる光景でもあります。トランプタワーやロックフェラーセンターなどの、この街を代表する建物のほかにも、ティファニーやブルガリ、カルティエなどのブランドショップのエントランスも銅尽くし。表に出てビルを見上げれば、緑青色の銅屋根が軒を連ねています。

エントランスはビルの顔。銅のもつ色合い、テクスチャー、気品と豪華な雰囲気が、ビルのエントランスにふさわしい材料として、この街で長年愛されてきたゆえんなのでしょう。

銅が多用されるグランドセントラルステーション

してフランスから贈られました。両国の友好の証として贈られた、友情のモニュメントです。高さは四六・〇五メートル、重さ二二五トン。以前はらせん階段を昇って頭の冠部分までいくことができましたが、現在は治安上の理由で閉鎖されています。

像の制作にはフランス人の若手彫刻家、フレデリク・オーギュスト・バルソルディがあたりました。パリ郊外のアトリエで着手し、ドラクロワの絵画「民衆を導く自由の女神」の女神と自分の母親をモデルに彫像を行いました。

つくられた像はいったんフランスで三〇〇のブロックに分解され、ニューヨークへ運ばれましたが、ニューヨークではまだ像を載せる台座が完成していなかったといいます。

骨組みは錬鉄、そしてまわりに張られているのが、厚さ二・五ミリメートルの銅板です。全体で約八〇トンも使用されています。一九八〇年代初頭になって、老朽化も激しくなったために修復工事を受けることに。外面の銅の肌の汚れ、トーチの劣化、鉄の骨組みの腐食……。しかし、海風にさらされた場所にあることを考え合わせると、表面の銅については非常にすぐれた状態にあったといいます。

人は、なにかとモニュメントを残します。誰かを打ち負かした記念に、破れた過去の清算に、尊敬や愛の印として、死を悼む記憶のために、そして生きたことの証として。銅は線となり、面となり、空間となってモニュメントの中に生き、歴史という旅の記録の一部であり続けています。

それぞれのエコロジー

世の中、右を見ても左を見てもエコロジー。どこの家庭もこれに影響されたのでしょう、朝起きてから寝るまで、これエコロジー。いまはやりの言葉で言えば、サステナブル家族です。

「お早よう」と寝ぼけまなこをこすりながら洗面所へ。こんなとき、女性は意識が高く、おやじはどうしても意識のなさを家庭内のエコロジストから槍玉にあげられます。決められた歯磨きの量で歯を磨き、うがいは三回まで。居間に戻って、鼻をチーン！　ちり紙をポイと捨てると、やおら娘が「お父さ～ん！　そこは燃えないごみ。ちり紙はここ、燃えるごみ！」　七種類に分別しなければならないごみ箱がため息を誘います。朝食を終えてホッとひと息。タバコ一服は当然ベランダで。ガウンの襟を合わせ、寒空に煙をフーッ。至福の時と思いきや、部屋内から「窓をちゃんと閉めてよ～」と妻の声。地球にやさしいのもいいけれど、少し

はおやじにもやさしくしてほしいものです。

地球にやさしく、おやじにもやさしいのがじつは銅なのです。

エコロジーを実現する素材として「エコマテリアル」があります。エコマテリアルとは、材料がすぐれた耐久性をもっており、その材料がつくられ最終的な製品として使用されていく過程で二酸化炭素の排出量が他にくらべて少なく、しかもリサイクルがしやすいものという意味です。

さて、銅はエコマテリアル？ まず、二酸化炭素排出量で見ると、銅と同じような用途で使用される鉄、ステンレスとの比較では、圧倒的に銅がすぐれていることがわかります。新生材でくらべると銅は鉄の約三分の一、ステンレスの半分、再生材でも鉄とステンレスの約五分の一という数字です。この比較でも銅が地球環境にやさしく、エネルギーの有効活用に大きな力を発揮していることがわかります。

もう一つリサイクルがあります。金属材料は一度スクラップになってしまうと、その価値を失ってしまうものがほとんどです。その点、銅は有価金属ともいわれ、スクラップ価格が高いので、一つの製品として役目を果たしたあとでも大きな価値をもっています。ある時期、スクラップヤードなどにおかれていた銅線や銅板の盗難の話があちこちで聞かれました。それだけ銅の価値が大きかったのです。「あか（銅）」などという言葉、なつかしいですね。

さて、銅のスクラップは二種類に大別されます。一つは新スクラップと呼ばれ、電線や銅製

コラム

クルマの中の銅

すっかりお馴染みになった「ハイブリッドカー」。エンジンとモーターで動くしくみの、未来志向のクルマです。モーターには大きな出力が求められますが、それを支えている部品の一つが「コイルリアクター」。バッテリー電源を昇圧することで、少ない電流でもモーターへの電力供給が可能になります。ハイブリッドカーのコイルリアクターは形も変わっていて、コイルといえば通常は丸い形なのが、ここでは四角。そのほうがより少ないスペースにおさまるため、ハイテク部品で過密状態のハイブリッドカーには都合がいいのです。バッテリー電源は最大500ボルトまで昇圧されるとか。熱伝導性にすぐれ、熱の発生が少ない銅は、コイルリアクターの材料にうってつけでした。加工しやすいことも大きなポイントです。

これ以外にも、クルマの中にはたくさんの銅が活躍しています。電気配線網のことを「ワイヤーハーネス」といいますが、配線として銅線が使用され、それを結ぶ回路には銅シートが使われています。ここでは、導電率の高さと耐食性が役立っています。また、クルマのエンジンはコンピューターで制御されていますが、そのコンピューターの電気系統をつなぐコネクターなどにも銅が使われています。

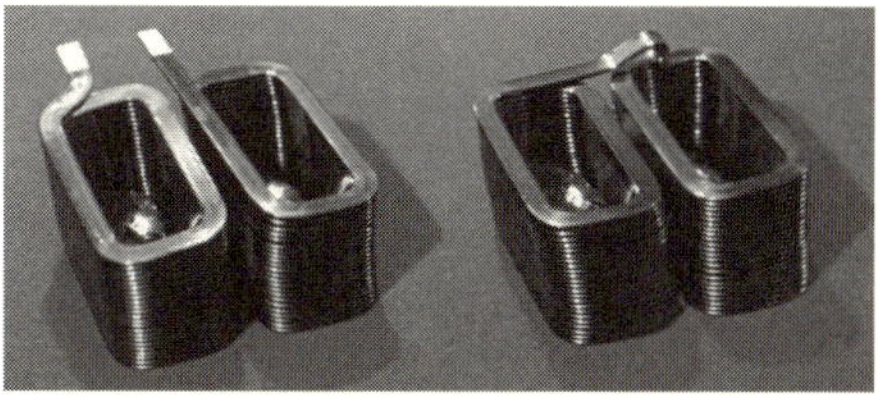

コイルリアクター

品の加工工程中に生まれるスクラップで、いうなれば未使用のままスクラップとなってしまう原料です。その回収ルートは確立されているため、ほぼ一〇〇％がリサイクルされています。もう一つは古スクラップ。これは部品から組立て製品となって最終ユーザーに渡り、何年、何十年かの使用後に廃棄されスクラップとして回収されるものです。

これらの新・古スクラップの回収量は二〇〇三年で純銅一九万トン、銅合金四五万トンとなっています。

最近、「アーバンマイン」という言葉が注目されています。電子機器や自動車などの部品として使われた街中にある金属資源をリサイクルする——すなわち「都市鉱山」。都会は金属回収材料の山だ、というのです。

そういえば、ゆっくりと心ゆくまで寝ていたい休日、こんなスピーカー音で起こされたことはありませんか。「えー、パソコン、テレビ、冷蔵庫、なんでも無料で引き取ります。壊れていてもかまいません！」いわゆるアーバンマインを掘り起こす回収業者です。たとえば、ノートパソコンの場合、一台当たり金〇・二八グラム、銀〇・五六グラム、銅に至っては一一〇グラムも含まれています。パソコン以上に高カロリーなのが携帯電話。機種にもよりますが、最新のものには一トン当たり金三五〇グラムを含むものもあります。携帯電話はおよそ一〇〇グラムですから、一万台集めれば七〇万円分の金がとれることになります。

さて、銅がなぜおやじにやさしいかですって？　考えてみてください。一つの製品として活

躍して数十年。寿命がきてももう一度スクラップからリサイクルされ、新しい用途の未来が開けているのです。一度世の中で終りといわれても、気持ち一つでまた別の輝かしい道が開かれるのです。こんなに勇気づけられることはありません。さあおやじ諸兄、リスタート!

銅を食べる苔「ホンモンジゴケ」

東京池上・本門寺境内

ひさしぶりに寺参りでもと思い立ち、東京・池上に足を向けました。目的地は、池上本門寺です。
東急池上線・池上駅へ降り立ち、商店街を抜けて参道へ。重厚な総門をくぐると、長くて急な石段が立ちはだかります。覚悟を決めて一段、また一段。やっと中ほどだというのにハアハアと息が切れます。それもそのはず、この石段は全部で九六段。段数は「法華経」の偈文《げぶん》（経典の中の詩句で書かれる部分）が九六文字から成ることにちなんでいるそうです。
なんとか石段を昇りきると、右手には力強く説法をする日蓮聖人の像が見えてきます。池上本門寺は、かの日蓮聖人の最期の地として知られる日蓮宗の大本山。国の重要文化財に指定される五重塔をもつ、関東有数のスケールを誇る大寺院です。広大な墓地には徳川家の人々や、幸田露伴、力道山など多くの著名人が眠ることでも知られています。

さて境内を見まわすと、お年寄りから家族連れ、若いカップルまでが、観光に、散歩に思い思いに本門寺を楽しんでいるようすです。このお寺にちょっとおもしろい植物があります。軒下に色濃く生える緑色の苔《こけ》。知らなければ、気づかず通り過ぎてしまうようなこの苔も、本門寺の見所の一つなのです。

その苔の名前は、お寺の名前と同じ「ホンモンジゴケ」。これは、植物図鑑にも載っている正式な和名です。昭和一〇年代、本門寺の近くには雑木林と小池が散在する湿原があり、昆虫や植物の宝庫でした。こうした環境に、多くの植物学者や採集者がやってきてめずらしい新種を発見し、採集した土地の名前をつけたようです。ホンモンジゴケの見た目は、濃い緑色。葉の部分は楕円形で先がとがり、長さは二センチメートルくらい。寺の石垣などに緑色の塊のように群生していますが、決して目立つものではありません。では、銅とホンモンジゴケにはどんな関係があるのでしょう。

じつはホンモンジゴケは「銅を食べる苔」といわれています。もちろん食べるといっても、動物のように口をあけてムシャムシャというわけではありません。からだの中に銅イオンを取り込むのです。ホンモンジゴケは、普通の植物の約一〇〇〇〜二〇〇〇倍の銅イオンを葉や茎に蓄えるといわれています。つまり、銅イオンを食べて生育している植物なのです。この種の

石垣に生息するホンモンジゴケ

苔は「銅苔」といわれており、本州の関東以西、フィリピン、インド、ヒマラヤ、北米、南米など世界各地に分布していることがわかっています。

銅が好きなホンモンジゴケは、銅イオンの多いところに好んで生息します。本門寺の場合は銅屋根から流れ落ちた雨水があたる軒下や石垣に、そのほかにも靖国神社の銅屋根の近く、鎌倉大仏の台座などにも生えているのが見つかっています。

銅イオンのあるところに集まり、銅を食べながら、ひっそり静かに生い茂るホンモンジゴケ。しっとりとした緑色は、歴史あるお寺に味わい深い色を添えています。そんなホンモンジゴケの姿に愛着を感じてしまいがちですが、残念なことに、ホンモンジゴケの青々と茂る葉と緑青のイメージを重ねあわせ、「毒だ」「体に悪い」などと考える人もいるようです。これまでも重ねてお話しているように、緑青は無害であり、ましてホンモンジゴケが危険なものだということはありません。先入観をなくし、このユニークな植物を本門寺のもう一つの名物として楽しんでもらいたいものです。

あとがき

銅は青銅器時代（紀元前三五〇〇～紀元前一五〇〇年）と称された時期があったように、もっとも古くから人間の生活にかかわりをもってきた金属といえます。銅のもつ加工のしやすさ、さらには熱と電気をよく伝える特性が今日まで幅広く用いられている理由の一つです。

昨今、これらの特性に加えて銅の「抗菌性」が脚光をあびてきました。従来から「銅壺《どうこ》の水は腐らない」といわれていたり、世界の硬貨に銅合金が多く使用されているのは、まさに銅の抗菌性の賜物です。

銅は熱と電気をよく伝える特性から各種の機器部材に活用され省エネルギーに貢献しています。さらに抗菌性からは衛生面で貢献しています。このように銅は人と地球にやさしい金属といえます。これから高齢化社会を迎えるわが国にとっては、ますます衛生的な環境が望まれるところです。

(社)日本銅センターでは、銅の衛生性・抗菌性を立証するために数多くの試験・研究調査を行ってきました。研究委託した東京大学医学部衛生学教室による「銅の衛生学的研究」では、長期の動物実験により「緑青は毒でない」ことを結論づけました。そしてこの調査結果をふまえて、厚生省（現 厚生労働省）は三年間にわたる研究の結果、一九八四年八月に緑青は毒物や劇物に含まれるような有害物ではないことを発表しました。最近では、研究委託した北里大学病院での実証試験結果から、銅が院内感染防止に大きな期待をもてることが明らかになってきました。

このたび、銅と生活との関わり、とくに銅の抗菌性について広く知っていただくために、当センターのこれまでの資料等を平易に書き改め、出版することにしました。身近な話題から最新の研究結果まで、銅と私たちの生活に関することをまとめたものです。本書から一つでもヒントを得て、読者のみなさまがより健康的・衛生的に過ごすことができましたら、編者として望外の幸せです。

二〇〇七年一月

編者 社団法人 日本銅センター
専務理事 横井弘明

本書は、㈳日本銅センター発行の冊子に掲載した記事をもとに、書籍用にまとめました。

広報誌「銅（Copper & Brass）」
建築用銅管広報誌「カパーストリーム」
水道用銅管広報誌「水と銅」
PR用冊子「新・銅と衛生」
PR用冊子「伸銅品」

監修者　長橋　捷 ながはしまさる

元　東京大学医学部衛生学教室

長年にわたり、東京大学衛生学教室で銅の衛生学的研究と調査に取り組み、その研究成果を、㈳日本銅センター発行の新「銅と衛生」（監修）や「水と銅」〈銅と健康〉などで紹介してきた。いまも、広く銅への理解を促すことに力を尽くしている。

編者　社団法人 日本銅センター

多くの方に、銅の優れた特性や機能をPRしたり、銅に関する疑問・質問にお答えすることを目的に設立された機関。日本鉱業協会、日本伸銅協会、㈳日本電線工業会の３団体（正会員）と、その他の多くの賛助会員やICA（国際銅協会）の協力のもと、銅の需要促進・技術開発・広報活動に力を注いでいる。

http://www.jcda.or.jp

くらしの活銅学

―健康と衛生に不可欠なミラクルミネラル―　定価はカバーに表示してあります

2007年2月20日　1版1刷発行　ISBN978－4－7655－4236－4 C0040

監修者　長橋　捷
編　者　社団法人 日本銅センター
発行者　長　滋彦
発行所　技報堂出版株式会社
〒101－0051 東京都千代田区神田神保町
1－2－5(和栗ハトヤビル)
電　話　営業　(03)(5217)0885
編集　(03)(5217)0881
FAX　(03)(5217)0886
振替口座　00140－4－10
http://www.gihodoshuppan.co.jp/

日本書籍出版協会会員
自然科学書協会会員
工学書協会会員
土木・建築書協会会員
Printed in Japan

印刷・製本　三美印刷
編集協力　ピー・アール・オー